室内设计师.**54**
INTERIOR DESIGNER

图书在版编目(CIP)数据

室内设计师. 54，2015年米兰世博会 /《室内设计师》编委
会编 . — 北京：中国建筑工业出版社，2015.9
　ISBN 978-7-112-18490-3

　Ⅰ. ①室… Ⅱ. ①室… Ⅲ. ①室内装饰设计－丛刊②
建筑设计—作品集—中国—现代 Ⅳ. ① TU238-55

　中国版本图书馆 CIP 数据核字 (2015) 第 225436 号

室内设计师　54
2015 年米兰世博会
《室内设计师》编委会　编
电子邮箱：ider2006@qq.com
网　　址：http://www.idzoom.com

中国建筑工业出版社出版、发行 (北京西郊百万庄)
各地新华书店、建筑书店 经销
上海雅昌艺术印刷有限公司 制版、印刷

开本：965×1270 毫米　1/16　印张：11½　字数：460 千字
2015 年 10 月第一版　2015 年 10 月第一次印刷
定价：40.00 元
ISBN 978 -7 -112 -18490-3
　　　(27744)

目录

▌CONTENTS

VOL.54

现代建筑在广州

撰　文｜王受之

从民国初年，到中华人民共和国建立，再到1978年起的"改革开放"，在70多年间，中国建筑中纯粹的现代主义作品出现得很少。一方面是受到经济发展条件的约束，另一方面则是长期受到苏联影响，突出建筑是意识形态的表现。当时，大部分中国第一代建筑师都受到这股主流学院风的影响。一直到1980年代后，中国才逐渐出现比较多的现代主义建筑作品。

回顾建筑历史，诸如杨廷宝设计的北京和平宾馆、同济大学的文远楼等的精彩作品，在国内极为稀少，也没有得到足够的重视。在历年的政治运动中，现代主义建筑往往被贴上"资产阶级"、"形式主义"的标签，作为糟粕被批判。但是，以广州为中心的华南的确有些与众不同。1920、30年代留学回来的第一代建筑师，以及由他们培养出来的之后几代建筑师，都有比较强烈的现代主义倾向，并且在华南地区得到一定程度的发挥，设计了不少具有影响力的公共建筑和民用建筑，形成一个松散的现代设计群体。

这些建筑师从刚刚建国的时候开始，甚至在"文化大革命"期间，没有停止平屋顶、框架结构、玻璃幕墙、遮阳板这类比较纯粹的现代主义设计。在"中央文化大革命领导小组"（简称四人帮）组织批判他们的现代建筑设计的压力下，这批建筑师依然不断地设计出不少经典的现代作品。这在中国的现代建筑发展历程中显得特别突出。

他们的作品，不但在广东地区，在毗邻广东的广西地区也设计了不少现代建筑。他们的探索主要包括两个方面：

第一方面是纯粹的现代主义建筑，这类作品包括1952年华南土特产展览交流大会的十多个展馆和广东省第一人民医院大楼，以及"文化大革命"期间设计的广州火车站（北站）、友谊剧场、广州中国出口商品交易会、东方宾馆，还有"文革"结束后出现的广州白天鹅宾馆、白云宾馆、广州宾馆、中国大酒店、花园酒店、天河体育中心以及深圳的南海酒店，都是出自这批建筑师之手。

第二个方面是探索地域性民居建筑和现代建筑的结合，包括北园酒家、矿泉客舍、广州少年宫、南越王墓博物馆等等。华南这一派建筑力量一直有一种相对与其他地区的设计保持距离的方式存在，并且对国内建筑有相当大的影响力。直到2010年上海世博会的中国国家馆，也依然出自岭南建筑脉络影响下的建筑师何镜堂之手。

特殊的地理位置是岭南群体能够在夹缝生存和发展的一个条件。广东省位居中国的南方，远离政治高度敏感的北京和上海，而毗邻香港和澳门，与此地往来的海外华侨人数庞大。无论在任何时期，广东与海外的民间往来密集度都超过任何一个省份，加上每年在这里举办两届出口商品交易会，进出

广东的外商数量也相当庞大，地理条件、历史条件都有自己的优势。

从建筑思想体系来说，华南也有与众不同之处。中国第一代的建筑师大多毕业于1930年代学院派风气浓厚的美国宾夕法尼亚大学，其中包括吕彦直、杨廷宝、童寯、梁思成、林徽因、赵深、陈植、谭垣等人。宾夕法尼亚大学当时在建筑设计教育上流行新古典主义，欧洲兴起的现代主义还没有传入，因而这批设计师很多都有强烈地把民族形式和现代建筑结构结合起来的愿望，这个理念与宾大的教育有密切的关系。不少在德国、法国、日本留学的建筑师，比如留学法国里昂建筑工程学院的林克明、留学德国柏林建筑大学建筑系的陈伯齐、留学德国卡尔斯普厄工业大学建筑系的夏昌世、留学日本东京工业大学建筑科的龙庆忠，他们回国之后，再培养出莫伯治、佘畯南、林兆璋、何镜堂这一批第二代的建筑师，这种组合给华南地区带来多元化的建筑思维。特别是他们在欧洲与日本看到的现代建筑在广东这个比较特殊、宽松一点的地方有一定的发展空间。从现代建筑发展的过程来看，岭南建筑学派在中国建筑史上具有重要地位，比较早地多方面地探索了现代建筑设计，并且完成了一系列现代建筑作品，同时也探索了具有强烈岭南特征的地域性现代建筑，而在教育方面，又以华南理工大学作为岭南建筑学派的重要

广州白天鹅宾馆

基地，培养了大量的建筑人才，从最初的探索，到现代建筑教育体系的完善，再到奠定岭南建筑学派的基础，为中国建筑史留下了浓墨重彩的一笔。在中国现代建筑发展中，岭南派应该具有很重要的地位。

岭南派的萌芽

广东的现代建筑开始得比较早。1932年~1945年，是华南现代建筑教育的探索时期。当时是军阀陈济棠主粤时期，广东经济得到了快速发展，因此伴随有大量的城市建设活动，产生了对建设人才的需求。广东省立勤勤大学（其建筑系为华南理工大学建筑学院前身）应时而生。在勤勤大学建筑工程系中，提倡现代建筑和遵循传统学院派体系两种思潮并存。

这个时期影响比较大的岭南建筑师有毕业于康奈尔大学的林荣润、曾协助美国建筑师墨菲（Henry Kikkam Murphy，1877~1954）制定南京"首都计划"的黄玉瑜等。这个时期的广东建筑，主要还是学院派主导下的民族现代作品为主，诸如"大屋顶"现代建筑。在抗日战争爆发前后的大时代背景下，民众和建筑界都有强烈的中国民族自尊心，在建筑设计上，也有较强的正统意识形态与西方学院派的影响，在广州出现了一批重要的具有中国传统样式的新建筑，例如中山纪念堂、中山

图书馆、岭南大学校园建筑等等。但岭南地区素有开放、开明的商埠文化氛围，讲求建设实效、建造速度和技术质量，在客观上鼓励了对建筑新技术的运用，同时也呼唤建筑的新风格。社会发展中的影响对建筑形式、速度和经济性的要求在这一时期的建筑教育中得到了响应。勤勤大学的建筑教育重视实用性技术课程，开拓了一条具有特色的现代建筑教育探索之路。在当时勤勤大学石榴岗校区的规划和建筑设计中，都体现了这种追求。

随后，由一批留学法国、日本、美国的教授们创立的华南现代建筑教育事业，迅速与广东开放的文化风气结合，培养出了第一批投入到当时的教育和设计实践中的学生。惜逢战乱，漂泊不定，但留下的现代建筑教育"火种"随着第二次世界大战后教育环境的相对稳定，带来了华南建筑教育的新发展。

1945年~1976年，是南方建筑群体的形成时期。1945年，中山大学从粤北迁回广州，教学归于稳定，随着龙庆忠、陈伯齐、夏昌世这三位教授到来，中山大学建筑工程系进入了建筑教育体系的完善时期。

1950、60年代，华南开现代建筑创作风气之先，创作了一批具有现代主义精神的先锋作品：华南土特产展览交流大会

建筑群、中山医学院教学楼群、华南工学院教学楼群等。其中，1952年的华南土特产展览会建筑群是华南工学院建筑系的教师的一次集体创作实践，那一批包括十几个展馆在内的建筑，有明确的现代建筑特点，旗帜鲜明地表达了对建筑现代性的理解。

龙庆忠（1903~1996）是南方建筑群体中很重要的一个先驱人物。1903年7月生于江西省永新陂下老居村。1925年赴东瀛留学，随后考入日本东京工业大学建筑科，1931年毕业。此时正值日本加紧对中国的侵略准备，他毕业后毅然回归祖国，开始在沈阳铁路局工作。抗战期间，龙庆忠加入了中国营造学社，与梁思成、刘敦桢两位先生一起开展了对中国古建筑的研究工作。1937年"七七"事变爆发，龙庆忠回江西老家吉安乡村师范任教。后于1941年受聘于重庆大学工学院建筑系任教授，并在中央大学兼课。1943年转赴同济大学土木系任教授。抗战胜利后，先生受中山大学多次邀请前往广州，执教于国立中山大学建筑系任教授和系主任。解放后他任中山大学工学院院长。1952年全国院系调整，他在新建立的华南工学院建筑学系任教授。

另一位比较重要的建筑师是林克明（1900~1999），广东东莞人，曾在法国学

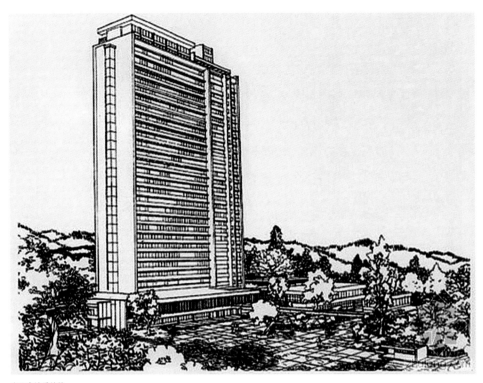

白云宾馆手绘稿

习，1926 年毕业于法国里昂建筑工程学院。1926 年回国后，在汕头市工务科负责道路工程及城市规划方案。1929 年为省立工业专门学校兼职教授，1930 年受聘为广州中山纪念堂建设工程顾问。1932 年他创办了国内最早的几个建筑工程系之一的勤勤大学建筑系，并任教授兼系主任。1933 年成立林克明建筑设计事务所。1945 年任中山大学工学院建筑系教授。1949 年后，林克明先后在黄埔建筑管理局、广州市市政建设计划委员会、市建筑工程局、市城市规划委员会、市设计院等部门任领导，负责技术领导工作。1972 年任广州市设计院副院长，1975 年调任广州市基本建设委员会副主任兼总工程师。1979 起林克明兼任华南工学院建筑系教授及该校设计研究院院长。他在建筑上比较突出走"固有形式"的方向，也就是民国风格公共建筑，作品是很典型的中国民族形式，其中比较重要的有中山图书馆（现改名为中山文献馆）、广州中山纪念堂（吕彦直设计，林克明担任工程顾问）、广州市政府全署（现市政府办公大楼）、黄花岗七十二烈士牌楼、勤勤大学工学院师范学院教学楼、苏联展览馆（中苏友好大厦，现在包含在广州交易会建筑群内）、广东科技馆、羊城宾馆（现东方宾馆旧楼）等建筑。他还著有《城市规划概论》《现代建筑思潮》《建筑设计原理》等著作。林克明先生于 1999

年 3 月在广州病逝。在他漫长的生涯中不但设计了大量的作品，并且还教育、影响了岭南建筑的下几代建筑师。他的主要大楼作品都是在民国时期设计的，和当时政府推行的"固有形式"一致。

陈伯齐（1903~1973）也是南方重要的建筑家，他是广东省台山县人，1930 年在日本东京工业大学学习建筑专业，1934 年又到德国的柏林工业大学建筑系学习，至 1939 年毕业，期间先后到过欧洲许多国家考察建筑。1940 年回国后，在重庆大学受命创建建筑系并任首届系主任。此外，先后在中山大学、华南工学院等校任教授、系主任。他在建筑上比较突出纯粹的现代主义风格，由他主持设计的主要作品有：广州文化公园总体规划及展览馆设计、广州女子师范学校规划及设计、广州园林一条街实验性住宅、武汉华中理工大学、武汉水利电力学院和武汉测绘学校的校园总体规划、中山医科大学校区总体规划、广州华南工学院总体规划及 1 号楼教学楼、化工楼、重庆浮图关体育场设计等等。他也参加了广西桂林风景城市规划的设计。他一生主持、参加和指导设计的工程达 100 余项。 陈伯齐先生于 1973 年 10 月 4 日在广州市病逝。他的建筑设计，建筑教育也影响了很多后代的建筑师。陈伯齐的现代建筑思想，特别是对高等院校规划中现代概念的贯彻，影响很大。

夏昌世（1903-1996）是对岭南建筑影响很大的一位大师，他出生于广东省一个华侨工程师家庭，年轻时赴德国学习，1928 年在德国卡尔斯鲁厄工业大学建筑专业毕业并考取工程师资格。1932 年在德国图宾根大学艺术史研究院获博士学位。回国后于 1932 ~ 1939 年在南京任铁道部、交通部工程师。1940 ~ 1941 年任国立艺专、同济大学教授。1942 ~ 1945 年任中央大学、重庆大学教授。1946 ~ 1952 年任中山大学教授，1952 年起改任华南工学院教授，1973 年 8 月移居德国弗赖堡市。

夏昌世的创作思想是努力将德国建筑的理性、精巧及实用与中国园林的自然、灵活、讲求意境及岭南地域的气候特点、建筑材料结合起来，因此他设计作品体现了一种开朗、朴实、兼容和富时代性的特色。设计的作品实用、理性、经济，造型结合地形灵活变化。强调以人为本，强调因地制宜，强调建筑设计的适应性。他最早注意到岭南地域建筑要遮阳、隔热，平面设计要考虑穿堂风的问题，并运用多种构件材料来加以处理，把现代建筑物理方面的研 究应用到新建筑上。

夏昌世成名很早，创作活动积极，思维有探索性，在岭南的建筑界里有口皆碑，在岭南现代建筑创作史上意义深远。他在刚解放后设计的华南土特产交流会的水产馆是其第一个引起广州公众注意和认可的作品。夏昌世设计的水产馆，进口处为两个水池，水池边是沙池，架桥渡水进入门厅。群众形容其平面像条鱼，立面像条船。它的平面安排适宜灵活，立面处理活泼明快，细小的圆柱，低薄的檐口，朴素无华的水泥石灰本色。它注重实用功能，尽量节省投资，是那个年代有创意的作品。水产馆等建筑的现代主义倾向，冲撞了当时建筑创作的主导思想，曾受到严厉的批评。华南土特产交流会后来成为了广州文化公园。

夏昌世在 1950 年代顶住国内推崇"大屋顶"之风，以现代主义手法设计了许多灵活、活泼、明快、经济，适应岭南地区气候特点的作品，其中包括广州文化公园、广西桂林风景区规划与设计、广东肇庆鼎湖的教工休养所以及广州中山医科大学和华南理工大学校园内的多项建筑杰作，受到国内外建筑界的好评。因此建筑界称夏昌世先生为现代"岭南建筑学派的先驱"。

夏昌世先生于 1996 年 12 月 4 日在德国弗赖堡病逝。2010 年上海世博会中国馆的主要设计者何镜堂院士，是夏昌世唯一的硕士研究生，也是"文革"前华南理工学院建筑工程系唯一毕业的硕士研究生。1980 年代开始，何镜堂教授带领建筑学院通过建筑创作和理论思考，延续了华南建筑教育的发展脉络，学院教育与设计创作的结合迎来了前所未有的发展高潮。

这一代岭南建筑师之后，就是第二代的莫伯治、佘畯南这个群体。

1980 年代以来的岭南现代建筑创作

岭南建筑群体的全面兴起与发展时期是从 1977 年开始的。1977 年恢复高考以后，随着人才培养和教育学术平台的重新起步，华南的建筑学教育和研究逐步恢复了元气。它地处改革开放前沿的广州，凭着开放创新的精神，在原有学科基础上得到了良好的传承和迅速发展。

1979 年华南工学院建筑设计研究院成立，以一个系设计室的班底起步，逐步建成一个甲级资质的设计院。在创院之初以"研究"命名，强调"产、学、研"的结合，与学院教学、学术的相融合。设计研究院的建筑创作研究，由林克明、陈开庆两任院长开创，得到夏昌世顾问（指导广州华侨医院设计）的指导。后来又引进了莫伯治、佘畯南教授，以及 1983 年何镜堂的回归及至后来任院长主持工作。岭南建筑界的创作力量在

1980 年代初得以汇聚，这是一个跨越两代岭南建筑人的汇聚，这种汇聚，重新带动了岭南现代建筑创作的整体发展。

岭南建筑群体第二代有重要两位建筑师。其一是莫伯治（1914~2003），广东东莞市麻涌镇麻一村向北坊人。中学时就读于广州南海中学，高中毕业时，莫伯治选读了理科，进入中山大学工学院土木工程系学习。在大学期间广泛地学习各方面的知识，他特别爱读梁思成的文章和有关中国传统建筑经典图书，特别是《营造学社汇刊》，扩大了多建筑审美和思考的视野。1936 年，莫伯治从中山大学毕业。一年后，抗日战争爆发，莫伯治奔走在西南云贵高原、四川等地，参加抢修道路桥梁、修建铁路和机场，这些为其后来转向建筑创作做了工程实践方面的准备。1950 年代，社会环境相对安定，年近 40 岁的莫伯治和夏昌世先生到各个地方对岭南庭园和民间建筑展开调研，开始从土木工程向建筑设计与创作转型，他对于建筑结构的专业知识、对传统岭南民居、园林的理解，开始展现出成果。1958 年莫伯治设计了具有浓郁岭南园林风格的北园酒家，之后又接着推出广州泮溪酒家、白云山山庄旅舍、双溪别墅和广州宾馆等作品，岭南园林建筑、纯粹现代主义建筑同时并进，影响非常大。

莫伯治在 1972 年设计的广州矿泉别墅是现代建筑结构和岭南园林结合的典范，而同年他设计的白云宾馆被认为是开风气之先的中国现代高层建筑，总高 34 层，白云宾馆不仅尽可能地保留了原有的环境，巧妙利用了庭隅的三株古榕树丰富了中庭的空间层次，而且坚持保留宾馆前面的"小山"设一个小庭院，既屏蔽了外来的嘈杂又使整个宾馆的绿化内外延续，自然而富有变化。这种把纯粹现代建筑和岭南园林结合起来的做法，经常出现在莫伯治的设计中。

1970 年代"文化大革命"时期，广东一批建筑师合作在 1973 年设计了新的广州中国出口商品交易会会馆，莫伯治也是这个设计班子的成员之一，他们设计的交易会所属的一系列配套建筑物也相继完成，这个建筑群都是板式建筑，采用带形窗、玻璃幕墙、花格墙、不对称的高低错落的布局、没有附加的简洁的体型等，同时也在现代的展馆之间设计了岭南园林小品，并且把早年建成的苏联展览馆的主要建筑也包容在建筑群里面。这个建筑群的设计开创了国内现代主义建筑群的先河，当时"无产阶级文化大革命"还没有结束，全国各地的建筑师都到广

州来参观交易会建筑群，把这里作为岭南的新建筑的"窗口"，通过这个设计设法了解境外建筑的做法和动向。这个建筑也曾引起中央极左派"四人帮"的注意，曾经组织写作班子批判这个设计是资产阶级建筑苗头。

"无产阶级文化大革命"结束之后，莫伯治进入创作的高峰阶段，他设计了许多重要的作品，其中比较突出的有广州白天鹅宾馆、广州西汉南越王墓博物馆、广州岭南画派纪念馆、广州红线女艺术中心及广州艺术博物院。

白天鹅宾馆是莫伯治和佘畯南两位建筑师合作的一个杰作。白天鹅宾馆高 33 层，矗立在珠江边上的沙面，很纯粹的现代风格，入口设计了一个高 3 层、占地约 2000m² 的中庭，里面有一个以"故乡水"点题的多层园林空间，"濯月亭"古色古香，悬岩飞瀑，垂萝掩石，清泉鲜活，锦鲤悠然，窗外，是珠江水千里碧波，两者互相呼应，相得益彰。这个酒店迄今依然是广州最好的酒店之一。

主持设计西汉南越王墓博物馆时，莫伯治已经 70 多岁了。设计这个建筑，要面临着很多的难题：墓室是一个叫"象岗"的小山丘，位于广州繁华地带，周围被高楼大厦包围，可以建馆的面积很小，在这狭小地段上既要展示原有墓室又要建馆展览，更要显示其本身价值和独特性，没有任何既定模式可以借鉴。为此，莫伯治大量地研究中外古今同类纪念建筑的特性，特别是从汉代石阙、埃及庙庙阙门等造型中吸取养分，大胆使用红砂岩这种地方性建材，阙门浮雕上的纹样、圆雕墓兽和馆徽都是取材于墓中遗物珍品，既突出了历史感，又保持了地方色彩。

1995 年，81 岁的莫伯治开办了"莫伯治建筑设计师事务所"，这是我国最早的一批私营建筑师事务所。莫伯治是岭南建筑群体最集中的代表人物之一，现代建筑、地域性建筑、园林景观三者配合，相得益彰，对岭南的建筑师影响很大。

岭南建筑群体第二代中另一位重要的建筑师是佘畯南（1916－1888），广东潮阳县人，他于 1916 年出生于越南，1941 年毕业于交通大学唐山工学院建筑系。历任广州市设计院总建筑师、华南理工大学和西南交通大学兼职教授。

半个多世纪以来，他倾注全部精力、努力探索，是现代岭南建筑创作的杰出代表，在设计技术和设计创作理论上有很深的造诣。1950 年代就将现代建筑思想、高产品

广州矿泉别墅

质量、建设精品、高水平的服务这个几个意识融于自己的建筑设计中。利用空间的变化形成功能区域的变化，同时调动情绪变化，他研究光、色、声、材料质感对人性空间所发挥的作用，探索"以虚代实"，把室内外空间相结合，设计的时候因时、因地、因人、因钱而制宜。1959年，他针对建筑界出现追求奢华的"大屋顶"趋向，鲜明地提出要为"人"而设计。在建筑用料上主张"低材广用、中材高用、高材精用、废材利用、就地取材"的原则。

佘畯南在设计上突出现代主义建筑特点，他1964年设计的广州友谊剧院，是一座简洁大方，经济适用，既突出演出功能，又创造出流畅而富有现代感的作品，具有中国庭园风格感的休息空间。这个高水平低造价的新型剧院（每个座位投资仅1119元），深受演出界和群众的赞扬，成为全国剧院设计的典范之作，迄今依然是国内剧院建筑的一个现代典范作品。1966年初，佘畯南设计广州市少年宫，把流花湖畔一个难以拆毁的化工厂旧建筑改为少年儿童感兴趣的"地道"、"航天管"、"飞机库"、"天文台"等，而将不多的钱用在建科学馆、芭蕾舞厅和园林绿化。20多个项目，只花2000万元，便使一个破烂的旧化工厂遗址变成绿草如茵、

广大少年儿童向往的科学园地。这两个项目都显示出他的现代建筑感、考虑经济的设计原则。

1970年代初，佘畯南负责设计新东方宾馆，他根据广州气候条件，从节约投资、改善宾馆环境和为客人创造更多活动空间出发，在东方宾馆新楼设计中，一方面压缩各层间不必要的面积，另一方面把中国庭园手法引用到现代高层建筑之中，将水平观赏和竖向观赏有机结合起来。除大庭园外，还设计了支柱层和天台花园，大大增加了公共活动场地。新旧楼面积基本相同，新楼投资只有旧楼3/5，而客房却比旧楼多70%，标准房造价节约了近一半，同时又给旅游宾馆设计带来新的概念，直到现在，依然是一个有口皆碑的好作品。

进入1980年代，他在白天鹅宾馆激烈的设计权竞争中，以独特的腰鼓形主楼平面方案而夺标。他非常强调"空间组织"和善于注意与环境相结合的重要性。认为"空间是建筑的灵魂"。在佘畯南和莫伯治主持下，设计组对宾馆的立面构造，内部功能、空间组织、室内设计、材料色彩运用及传统与革新、统一与变化等进行了艰苦卓越的大胆探索和创新。从建筑艺术到使用功能等，都体现出一流的现代水平和浓郁的中国特色。尤

其是中庭共享空间和故乡水设计和立意，匠心独到，堪称一绝。白天鹅宾馆还体现出超前的设计思想，突出了经济管理效益和环境效益，是我国引进现代化旅馆中投资最省（每个房间造价平均只有4.5万美元）的国际五星级宾馆。

广东的岭南建筑群体是以华南理工大学建筑学院为依托发展的，他们一方面传承岭南现代建筑思想，一方面突出地域性建筑、亚热带建筑、南方园林的特点，二者结合起来，形成自己鲜明的设计形象。建筑学院在办学过程中，也强调与建筑教育和学术研究相结合来实现综合发展，华南理工大学建筑设计研究院在何镜堂的带领下迅速发展起来，成为了岭南当代建筑创作的主体力量，形成了理性、实干的创新理念与团队工作模式，他们完成了世博会中国馆、侵华日军南京大屠杀遇难同胞纪念馆扩建工程、北京奥运会羽毛球馆与摔跤馆等众多大型工程，完成了200多个大学校园规划与建筑设计。一系列遍布大江南北的建筑作品引起了建筑学界和社会的广泛关注。

何镜堂在总结岭南现代建筑时提出了"两观三性"；即整体观、可持续发展观；地域性、文化性、时代性的建筑创作思想，在建筑界有一定的影响。**END**

2015 年米兰世博会
MILAN EXPO 2015

特约撰文	王飞（美国纽约雪城大学建筑学院助理教授，MArch2/MS主任）
摄　影	Pietro Baroni，Daniele Mascolo
资料提供	MILAN EXPO

规划

"滋养地球·生命之源"（Feeding the Planet, Energy for Life）是 2015 米兰市世博会的主题，这是历史上首次以食物为主题的世博会，展出来自不同国家的美食，并谋求 2050 年为全球多达 90 亿人口解决食物需要。最初，米兰市长莱迪兹·莫拉蒂(Letizia Moratti)邀请赫尔佐格和德梅隆事务所做本届世博会的整体规划，但建筑师对这样一个大型的展会非常质疑："我们从来不喜欢大型的展会，它们只是为了吸引和取悦百万的参观者。我们决定接受米兰世博会规划的设计邀请的条件是甲方能接受一个激进的世博会的新视野，并摒弃陈旧的世博会概念，因为以往的世博会规划与建筑仅仅只是基于建筑的纪念性和展示国家荣耀的过时的虚空，自 19 世纪中期开始，直至 2010 上海世博会达到顶峰。"然而，建筑师被意大利政治活动家卡洛·佩屈尼(Carlo Petrini)所发起的激进的运动所深深地打动了。Petrini 于 1986 年发起了"慢食"（Slow Food）运动，直指席卷全球的"快餐"文化。目前所形成的生态食品社区的网络"Terra Madre"（地球母亲）已经遍布全球。建筑师认为，世博会应该把这座星球的农业景观的美好展现出来，而且更应当展示人口过剩、干旱、各国农业公司的播种施肥和工业和专利问题。

2009 年，赫尔佐格和德梅隆提出了基于古罗马东西与南北正交路网 cardo/decumanus 的世博会规划方案。他们希望这种"无限的"模式因为广普的开放性和近似于"理想城市"。它强烈和简单的正交几何将所有的参展国从建筑形态的争斗中解脱出来，从而能更好地关注世博会的主题"滋养地球·生命之源"。他们鼓励各个参展国放弃往届单独场馆设计的概念，而接受组织者提供的最简单最基本的农业景观和花园。每个国家都均匀地沿着东西向主轴大道展示。没有一个场馆会争奇斗艳，没有一个场馆会用怪异的设计野心去从主题中分心。赫尔佐格和德梅隆设想，沿着主轴大道，所有参展国的场馆将形成一个巨大的行星式的花园。好似位于米兰的达芬奇的名作《最后的晚餐》一般，将成为一个巨大的事件之桌，邀请所有的人们光临与参与。

米兰世博会主办方接受了这样有着强烈几何性的概念规划，但最后没有得到各个参展国的支持这样一个激进去物化而强调场域的规划。最后于 2011 年，他们希望重新再创造 21 世纪世博会的梦想失败了，而规划中留存的仅仅只是最初的几何形态。

纵观本届米兰世博会的各个场馆，绝大多数的国家场馆都紧贴着东西长向主轴边缘而建，也映证了赫尔佐格和德梅隆对往届世博会的批判与担心，大多还是以"物"的争奇斗艳的个体形式而凸显。雅克·赫尔佐格在世博会开始之初对众多场馆进行了强烈的抨击。

本届世博会伴随着左翼的抗议和暴动如期举行了，炎炎夏日也无法阻挡世界各国的参观者，预期 2 千万的参观量，虽然不如上海世博会的场面大，远不及 7.3 千万的参观者，但是 145 个参展国，17 个组织以及 21 个机构向全世界展示了博大精深、丰富多彩的饮食文化，让人欲罢不能。

场馆

世博会众多的场地被分为四个不同的主题：零号馆，追溯人类与食物的历史；未来食物区，解读科技史如何改变食物的储藏、流通、购买和消耗；生物多样性公园，展示

我们的星球的生态系统；以及艺术与食物区，展现食物和艺术之间的关系在历史上是如何转变的。

各个场馆依然争奇斗艳，就笔者参观最热门 20 余个场馆中，可以分为以下几类。

1 场馆建筑与展览分离

最大的国家场馆自然是意大利馆，位于南北轴线的北侧的意大利广场。这座 1 4000m² 的建筑像编织而成的巨石，底层缓缓抬起形成巨大的公共中庭。展示的是高质量的意大利饮食文化和传统，从始料到成品。这座场馆的门前永远都是长龙绕了几圈。

作为中国首次在海外的首座国家馆建筑，中国馆是仅有的几座远离主轴的场馆之一，主体建筑由中轴大道向北退后 30m，留出宽阔的田野广场，首先展示在参观者面前的是好似波动的山体一般的，与北方的阿尔卑斯山遥相呼应，并且非常自然的引人入内。它似乎也呼应了赫尔佐格和德梅隆最早规划对从"物"到"场"的设想与期望。但是中国馆的展览内容与这座惊人的建筑相差甚远，展示的还是官方的北京烤鸭的静态的制作模型，袁隆平的水稻技术等等。

韩国馆与西班牙馆有着近似的建筑与展览关系的处理，建筑都比较内向与封闭，

展览使用了大量的在不规则平面上的投影（如阵列的盘子、菜缸等），很难让人驻足。法国馆的编制的胶合木结构可谓造价惊人，但是展览却乏善可陈。

阿联酋馆从建筑到展览彰显土豪气质，与上届上海世博会一样，选择相同的建筑师——福斯特，场馆建筑给人的体验是走在红色风化的峡谷中一般；展览也采用了与上

届类似的模式,所有的观众一起经过一道道门,并同时在观影结束后进入下一道门。好莱坞大片一般的环幕电影和3D投影技术展示了阿联酋的历史以及未来对食物问题的挑战与展望。

美国馆在历届世博会上经常是最令人失望的场馆,这届也不例外。巨大的国旗形象占据了主立面的大半,进入场馆首先映入眼帘的是撑满奥巴马总统的屏幕,也是少有的将世博会作为政治爱国教育的载体。除了一个不错的观景平台,整座场馆人庭冷落,实在是毫无内容。

与很多场馆不同,"慢食馆"(Slow Food Pavilion)是一道谦虚且靓丽的风景。在放弃世博会规划多年之后,赫尔佐格和德梅隆事务所还是参与了本届世博会,在世博会长轴线的最东端设计了这座"慢食馆"。它由三座长条形的开敞的木构建筑围合而成,并以一种非常谦逊的"场"的态度,弱化了建筑作为"物"的存在。展览突出了"慢食"运动,大量的开敞空间让人流连忘返。

2 建筑对未来食物文化的展望

德国馆如德国人的严谨一般,在最短的时间进行了最精确的建造。场馆建筑远观就让人觉得很高科技,本身由多层平台形成,模糊了内与外之间的关系,大量的钢结构,大量看似高科技的超薄张拉膜太阳能板。如果不想排长队进入场馆可以直接上屋顶平台,也有绝好的景观和室外展览的内容。进入场馆,每人发放了一张印有7个圆点的白纸,放在投影台上便在白纸上显示投影,会随着手势翻页和转换。与众多场馆的对历史和传统的饮食文化的回溯不同,德国人向前看,畅想未来的城市农场、饮食、超市等等。最后一个互动房间的摇滚演出加强了展览的主题,让人流连忘返。

不得不提以色列馆,这个以高科技著称的小国,拥有着超高的农产品出口率,这座场馆的整个外立面就是一座垂直面的农场。种满各种庄稼的近乎垂直的立面,并不像众多想摆设一般的绿植墙面,而是一个活生生的对未来寸土寸金的城市垂直农庄的案例。

3 场馆本身作为展览

巴西馆是一座一眼可以望穿却让人极其向往的建筑。这座超级蹦床建筑让男女老幼都主动或被动地跳跃起来。但室内食物主题的展览却暗淡失色。

英国馆以蜜蜂为主题,在穿过一片"蜂园"之后,能看到各种关于蜜蜂的故事,以及源源不断的蜂声,最终抵达蜂巢构架中。构思巧妙,但却很难超越上届世博会的英国馆,让人停留。

奥地利是一个惊喜,外表完全封闭冷漠的混凝土围墙之中却是另一番景色。一座茂密的森林迷宫让人不停的看到不停重叠的文字展示着隐匿的自然饮食文化。

巴林馆是另一个意外,外表谦虚的白白的墙面之内是一座充满了曲线的模糊了内与外前与后的一层建筑,各种不同的穿插在一起的庭院使得人流连忘返。

正如世博会的最大场馆意大利馆一般,意大利人所特有的慵懒且慢工出细活是急不来的,最终这座在世博会结束之后未来的永久建筑也并未能如期完工,裸露的内部的玻璃幕墙,钢结构以及大量的钢构件,预示着有待安装的大量的GRC的编制外立面。很多观众排了几小时的长队,进去了之后却很快的走出。这是否也暗示着意大利的世博会像威尼斯假面舞会一般,华而不实呢? END

中国馆设计到实现的方方面面

采 访 | Hanshen Sun
编 辑 | 刘匪思
录音整理 | 朱笑黎

1　专业的高空作业队在屋面施工

2　胶合木制造→数控机床切割→节点预制槽→
　　结构钢板→1:1胶合木大样

3　中国馆模型

ID= 室内设计师
陆 = 陆轶辰（米兰世博会中国馆主持建筑师，清华大学副教授，Link—Arc 建筑师事务所主持建筑师）
蔡 = 蔡沁文（米兰世博会中国馆项目建筑师，Link-Arc 建筑师事务所资深建筑师）

ID 能够说说当年 link-Arc 承接中国馆项目的过程，除了建筑的设计之外是否还包括其他部分的设计？

陆 在竞标的时候，业主邀请了国内 8 家左右的大、专院校及设计院来参与国际投标。清华美院先后参与了两轮竞标，都赢得第一名，拿到中国馆项目的委托。我在清华大学美术学院担任副教授，因此也与展陈、室内、景观等设计专业的老师们一起参与了整个竞赛过程。

赢得竞标之后，我们事务所主要负责建筑部分的深化、技术协调和建造实施。我们一直觉得将建筑分为建筑设计和室内设计是不太合理的，建筑师应该负责设计空间从外到里的部分；只是把建筑做成一个外观，室内做成一个内部表皮，这个把内外分开的观念本身就很落后。我们现在做的所有项目，合同签订的服务范围

都尽量包括建筑、景观、室内、甚至标识系统。中国馆项目的室内和视觉传达部分由学校的其他老师来负责，但我们也在现场参与协调和控制，所有公共空间从内部到外观都是一体的。

ID 我看了您在上海旮旯的讲座资料，您在设计初期的时候提到说物体（object）还是场域（field）的问题。您可以再阐述一下吗？

陆 这个话题再深入讨论，就涉及中国馆的整个规划起点。我和王飞老师一起写过一篇有关场域的"三读"的文章，我们谈论的"场域"与赫尔佐格谈的源自不同的切入点，但最后大家归纳的终点看起来很相似。他说，希望"避免做一些争奇斗艳的建筑形态比拼，各国家馆应回归到对米兰世博会主题的解题演绎。"在大空间的规划中，比如大轴线的终点是一个广场，人们在此分享美食。这就是具有"场域"的概念。

我们切入场域的做法，则是如何呈现这个建筑与场地之间的对话。

首先，我们选择以一种特殊的方式来介入场地，而不是直接把一个形体放在场地上。第二，中国馆的主题是"希望的田野"，我们把它翻译成"the field of hope"。Field 在此就有不同的解释，建筑或规划学上"场域"，或者通常意义上的"田野"。我们将其视作田野，在此基础上进行剖析。最后我们决定与其说是设计一个"物体"，不如说做一个既非"场域"又非"物体"的中国馆。所以，在某种程度上与赫尔佐格世博会规划的"场域"概念衔接。

蔡 场域概念对我来说表达着水平方向的开放和边界不具有明确的围合。在这样的直觉引导下，才出现了设计中的麦田和屋顶这两个相对水平伸展的元素。人们可以在屋顶下的麦田里

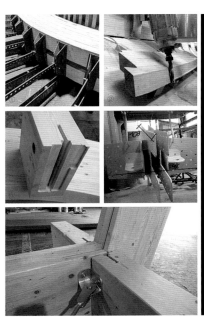

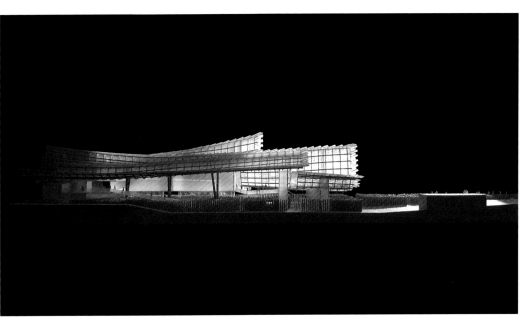

自由寻找和探索，而不是被绑在一个空间中。另外，以前中国在历次世博会呈现的大都是传统符号。本次中国馆建筑则希望把传统符号最大程度的弱化，用更抽象的设计元素或方法代替，比如屋顶的天际线、胶合木结构序列和竹板的使用。应该说我们没有重复以前的老路，或是受到上海世博会时中国馆的设计符号影响。

ID 作为一个代表国家形象的世博会项目，您是如何呈现中国文化底蕴呢？

陆 大家容易聚焦这个话题，这也是承接"中字头"项目不可避免的现象。但是对建筑师来说，我一直有这样一个观点，即便是一个占地上千平方米的建筑，对于国家的意义、内容或是责任的表现，也是不堪重负的。我们需要做的是比较巧妙地兼顾各方面诉求的同时实现自己的建筑意图。这次场馆建成以后，我自己围着中国馆转了一圈，自认不敢说是最精致的，但绝对在结构和功能上说是最复杂的一个建筑。

我们从一开始就抱着一个简单的概念，不会用颜色、风格或是简单的符号来代表中国，因为中国有着悠久的历史，不是近百年来的一些符号可以代表的。从更深层次来说，我希望表达一种中国的精神。从另一角度来说，我相信在中国建筑圈里，大家都憋着一口气，想做突破性的实验性的建筑。那么多年的世博会，比如英国馆、西班牙馆或者法国馆，他们的设计其实在讨论未来，而中国馆的建筑或是展览一直是看重过去。这次世博会我们用了一些相对先进的技术，包括钢木结构的使用，屋面的参数化，用 1 052 块竹板搭建而成的屋面，设计和建造的过程非常复杂，由此来传达一种"面向未来"的中国的信息。

蔡 在我们建筑团队内部，这个项目只是一个项目，做的过程中没有特别的感觉。现在回头想想，才觉得不是纯技术的一件事。其实把一件事情做到位，也是对这个问题的解答。期待最后建成的项目有这样一个结果：虽然不能说让所有人信服或者满意，但因为完成得比较到位，所以至少大家可以以不同的方式来解读，并且读到一些新的内容。

陆 对。在方案讨论的过程中，有关中国元素的争论特别多。从第一轮方案开始，一直到建成，争议一直存在。在我们的设计过程中，甚至到扩初图出现之后，曾出现过各种版本的"添砖加瓦"，比如灯笼、中国结、窗花、熊猫等等。后来，因为施工时间比较紧张，造价也高，这些"细节"通过建筑师的各方协调被取消了，否则我们看到的中国馆绝对不是现在这个样子。

ID 您在昨晃的演讲中提到，在这个"场域"的项目里想要做出比较空旷的空间。但是，我想请问您为什么选择胶合木而非钢结构来实现场域？

陆 这个问题问得挺好。对于使用材料，大家曾经进行深度讨论。首先，胶合木在欧洲的使用很普遍，也有很长的历史。全世界 300 万立方的胶合木产量中差不多 80% 以上都是在欧洲使用，这项技术在欧洲发展得很成熟。建筑师的设计通常会面对因地制宜的问题。如果这个项目在中国，我们可能就不会挑战这种材料。但项目在意大利，我们的胶合木供应商就来自意大利东北部奥地利边境，那里以成熟的胶合木生产和加工著称。另外，木材本身是中国传统建筑中最主要的结构材料，即便现在木结构使用得不多，但大家对木结构本身那种温暖的

色彩与自然的肌理会感到认同。用这种材料来表现中国馆也比较贴切。最有意思的一点是，胶合木发展至今，工程体系和技术非常成熟，钢结构的胶合木可以实现非常大的跨度，加工装配速度也比较迅速，因此在大型展览建筑中经常使用。胶合木的建造工艺有点像宜家产品中的弯曲木，用一层层的木板粘合在一起，直接塑形成一个曲度，然后，可以用 CNC 更加精确地制造出来。

我们也有讨论，是不是要用木材来实现这种形式。但从另一个角度去想，胶合木是不是可以被视为一种简单的木材？我记得有次和蔡沁文看照片，我说有个角度不大喜欢，胶合木看起来非常的薄又很轻盈，表达的方式有点夸张。她当时说这倒有意思，木头看起来不像木头。可以说，我们是通过这个项目来挑战胶合木的表达方式以及这个材料表达的边界。这其实源自一个真实的使用材料的观念，比如包豪斯年代，玻璃就是玻璃，木头就是木头，当时人们特别反对把钢做得像纸头一样薄，或者说，把玻璃做得像纸一样。但现在这个时代，各种技术都有可能。所以木头可能看起来是木头，但结构表现力像钢。玻璃可以做成曲面，如果做成磨砂状，甚至玻璃看起来都不像玻璃。从这一点上，我们希望中国馆的胶合木实践能够起到一个抛砖引玉的作用。

ID 您说的"抛砖引玉"，是否觉得国内胶合木在建筑上的使用还有待发展？

陆 因为规范、产量、对环境的影响等等关系，在国内胶合木使用得比较少。但比如日本，不少游泳馆或是小学的建筑都会采用胶合木。如果中国的规范上有所突破的话，在一些适合的

1　用参数化设计方法得出的屋面竹瓦有着自然的肌理和灵动的光彩

2　屋面竹瓦类型列举

项目中使用，一定会有很好的效果。

蔡　从设计师的角度讲，这种材料本身柔和的肌理就是使用它的一个原因，是很本能的一个判断；再加上它本身工艺上的优越性。现阶段在国内的很多项目不能使用胶合木，希望以后会有改变。整个市场会越来越全球化，一些国外的厂商可能会看到这个市场，并且做出一些努力。其实从防火角度而言，木比钢还要更有利。因为木材碳化后本身就能防火，反而钢结构一烧就化。

ID　参数化设计在中国馆项目的应用非常明显，请问这次尝试把参数化设计带入设计和施工，是否也是你们的一次建筑实验？

陆　我们觉得参数化其实是帮助我们实现建筑实践的一个工具。至于它怎么介入这个设计的过程，取决于具体项目的需求。有一些项目，比如说学校或住宅，中国馆这样的参数化介入或者说电脑辅助设计可能并没有太大必要。但是另外一些项目，需要有 BIM 系统，或者说一些表皮设计，这时候参数化设计会多介入一些。我们觉得参数化是一种灵活的工具，它取决于项目的不同类型。我们很重视怎样把参数化技术融入到设计的过程中去，让它不留痕迹地去辅助设计，而不是很生硬的展示出，这个房子这部分是参数化设计，这部分是非参数化。

蔡　在中国馆设计的过程中，参数化在设计师最初概念的引导下是辅助生成几何的工具，它

是一个灵活的、可以随时按照设计师的要求更新的精确的系统。在后期，它又反过来成为从几何形提取数据然后再辅助建构的一个工具。但是所有的操作都还是人为判断的指导在背后起作用。

陆　参数化设计在学校里面是很热门的主题。但是为参数化而参数化的潮流，其实已经过去了。我相信以后各种建造的技术以及建筑的工艺都会与参数化对接得非常好。不过，我觉得参数化剥夺了建筑师以及设计师的职业。我举个例子，我曾经去看路易斯·康以及理查德·迈耶的图纸。一张屋顶平面图就画了五六十张，工作量非常的大。无数的人在一张图纸上反复画的过程是很重要的，现在的电脑把这个过程都抹掉了。我们不停地在电脑上画图的时候是一直往前进，很少回顾之前的痕迹。也许，我们花了几十张图纸之后，发现之前的那种最好，但电脑画图你就很难做到拿出以前的图来比较。AutoCAD 出现以来，设计师的工作从以前一个项目需要 200 名建筑师花费 5 年时间设计，简化为 50 名建筑师用 3 年时间来做。有了参数化之后，可能只需要 5 名建筑师加 1 名参数化工程师做 2 年。未来人们甚至可能在 ipad 上用手画就能做出建筑方案来。但是，我相信，肯定是把参数化、材料从建造、工艺以及人的感受结合在一起，才能做出比较高级的设计。我不太相信纯粹参数化会长期成为一个特别主流的

东西。

ID　您前面也谈到说，中国馆的屋顶上板一共有 1000 多片，规格也是不一样的。在施工上是否遇到难题？

蔡　屋面上的竹瓦一共是 1052 片，有将近 400 种规格。每块竹瓦还有三四个支撑点和下面的结构连接，这些支撑点每个都有几部分组成，各个部分都有不同的尺寸，应该说是相当复杂的。能在这么短时间内完成，我觉得主要是两部分原因，一个是因为参数化和一些辅助设计软件的使用，节约了大量的时间。比如，在生成模型的时候，我们考虑到以后的建造，把和梁的模数关系理顺，确保以后支撑的问题。在总包介入之前，我们做了很多合理化研究，建立了一个可以和总包共享的数据系统。另一个原因是我们和意大利总包之间的衔接很顺畅，总包拿到我们的数据，用软件重新整理了一遍，落实下每个支撑杆件的具体数据，交给加工厂加工，没有任何问题。每块竹瓦的竹条和铝框是在中国制造，运输到意大利，装配工作在意大利完成，按照它们在屋面上的位置组织好运送到现场。工人看着图纸，将它们在正确的位置摆放好，再吊到屋顶安装。意大利的施工方在整个操作过程中有着很强的配合实施能力和组织能力。在时间那么紧张的项目中，能做到这一点，相当关键。

陆　现在想起来就一身冷汗。屋面竹板的设计，

是我们团队内部花最多心思的部分，甚至有一段时间，我们都很怀疑能否顺利实现。一方面是因为我们的整个设计在一个完全精准的模型基础上做的，当时不清楚总包是谁，不知道谁去安装竹板，甚至不明确竹板在哪里制作，所以觉得这种零误差的三维模型实现的难度比较高。第二，一共 1052 块竹板，400 多种规格，不同规格之间的差别其实是毫米级别的。铝框是由兴发铝业来做，他们制作第一批 60 多块竹板的时候，遗漏了编号。我们去趴在地上量尺寸对照着图纸重新编号，量了 20 多块我的腰就直不起来了。一共 1000 多块，编号后才能运到意大利。最后，编号还是出现了一些错误。我们连装箱的方式都设计好了，但最后并没有按照我们的办法做，送到意大利后又花了人力、物力重新整理。竹条的安装，一开始在深圳已经安装了部分，但是我们审查完对它们的成果非常不看好，所以最后决定在意大利安装。蔡沁文在现场全程负责屋面竹板参数化落地的问题，看到有明显误差，就一定要让总包改过来。一块竹板的大小是 3m×1m，调整一块需要花很久的时间。屋顶建成后的效果与三维模型几乎一模一样，而从定总包到建成只用了 7 个月不到的时间。这本身就是奇迹，也是各方面的智慧和努力的结果。

蔡 是的。从计算机三维模型到实物的这个转化过程中，几个步骤里的误差都在控制之内，所以建成实物和模型比较吻合，最后只有几个局部有人工错误，需要改正。我们抱着笔记本，绕着中国馆看哪一块竹瓦有明显的问题，电脑里查到具体的编号，然后去和施工负责人说，约定时间统一调整。不是所有工人都能爬上去调整，只有拥有特殊执照的施工队才能在屋顶上施工。工人是用缆绳挂在屋顶上，没地方着力，板又重，所以整个过程非常不容易。还好工人们也有自己的标准，愿意达到最好的效果；但是他们的上级又会因为时间的缘故起到相反的作用。

ID 像刚提到的这个竹板的问题，请问在中国馆的项目里面，还有没有类似的事情发生过？在这个多方协调和合作的过程里，有什么难题吗？是如何克服的？

陆 建筑师除了负责设计和技术方面的协调，在设计协调当中又像一个技术顾问，这推动整个项目的进程方面做了不少工作。我觉得中国建筑师从业五年以上的，很多的精力都花费在对未来施工质量的预判和控制上。所以中国建筑师最后变成了像保姆一样的形象，内心很强

大，关于项目的方方面面都要想到；技术非常完整，什么东西都会来两下。我们在竞赛之后参与了项目团队的建设工作，包括做调研，向业主推荐意大利施工方和监理。后来看到在项目时间很紧张的时候，我甚至还和监理一起去找业主，催促他们尽快与施工方和监理签约，才能保证施工的尽快开展。

蔡 这个多方合作的过程里，我觉得还是正面因素居多。中标的意大利总包博蒂诺公司很专业，节省了建筑师的很多时间。这种专业度体现在严守边界，不替设计师做决定，会规避这方面的责任和风险。他们会很尽责地在自己的角色中协调管理，尊重设计师所作的决定。我们接触到一些中国的总包，和他们谈话时，能感到他们的想法是不一样的。

陆 比如说，在中国馆的总包合同里，没有写所有建造的材料和工艺必须建筑师签字之后才能施工这个事情。我们当时知道后不免有些担心。其实在意大利以及欧洲这是一个约定俗成的事情。即使不在合同里面，总包也不会去自己定材料。最后，所有的木材、玻璃、幕墙、材料、甚至灯泡和开关，都是建筑师来定。如果我们不定，他们是不会去替换材料的。在设计上，所有的最后决定都由建筑师来做最终决定，这对设计最后的成效是极大的保障。

蔡 应该说从始至终意大利总包和技术监理都尽了最大努力配合我们的工作，尤其总包一直是工程的组织者，带领着一系列的分包，架构很明确。在总包的配合下，我们能够与不同的分包直接对接，所以在对项目的控制上我们有很强的穿透力，我认为这对整个项目完成效果与原设计基本吻合没走样起到至关重要的作用。到最后我们和总包之间由于立场不同，张力确实是越来越大的，我们要效果和质量，他们要完工。这时就是需要不断协调，一起找到彼此都能接受的解决方法，有点现场发挥的意思。

陆 但具体到施工质量问题，就是另一回事了。尤其在开馆前几天，因为时间赶，施工节奏加快，我和蔡沁文两个人每天在 4 000m² 的空间里满场跑监督施工质量。我有个计步器，算下来每天要跑 2~3 万步。比如你看到一个工人在定轻钢骨架的方式，你就会知道下一步他做的吊顶肯定有问题。如果让他放上去，再改就很难了，可能一群人来劝说你不要再改、时间赶，所以我们俩就分工盯，每早 7 点基本赶到现场。这对我们也是一个锻炼，这不是在办公室画图能积累的。工人都有自己的一套语言和看图方式，就像皮亚诺的展览"渐渐件件（piece by

piece）"，所有东西就是在现场，看着工人一件件地做出来，没人来得及看图纸。

ID 在您的概念中，世博会对国内建筑设计以及在整个社会领域起到怎样的影响？

陆 现在有个普遍的观点，相比水晶宫和埃菲尔铁塔时代，世博会已经不怎么重要。我之前给《建筑学报》写的研究文章也提到这个观点。今天，新型的发展中国家希望通过世博会来发出自己的声音，表达国家的价值观，也是多元世界的开始。比如说中国上海举办的世博会要比意大利世博会规模大得多。通过这次意大利米兰世博会，我们觉得大家对世博会的了解还不够，还是停留在器物的层面。包括我们在内陈列的展览，更多是在回顾。就与我们的城市设计方式很像，硬件做得不亚于欧美发达国家的一线城市，甚至比他们更新，但在如果解决市民安全等一系列软性细节上，还有不少欠缺。比如西班牙馆，他们的建筑做得很轻松，但里面的展览，以及展览想要表达的价值观，让参观者感觉到很人性化，充满了对生活的热爱。我觉得这是未来的中国馆需要发展的地方。

回到之前的话题，正因为世博会体现了世界的发展，世博会的国家馆体现了一个国家的发展，所以国家馆的设计与展陈设计体现了各个国家在不同发展阶段上的价值观表达。所以，我觉得这就是世博会存在的必要，因为它是一个大舞台，各个国家得以在这里呈现不同时期的发展。

中国馆
CHINA PAVILION

摄　影	Sergio Grazia，Huiton+Crow，Roland Halbe
资料提供	Studio Link-Arc
主持建筑师	陆轶辰
项目建筑师	蔡沁文，Kenneth Namkung
建筑设计团队	Alban Denic，黄敬瑰，范抒宁，Hyunjoo Lee，Dongyul Kim，Mario Bastianelli，Ivi Diamantopoulou，
	Zach Grzybowski，Elvira Hoxha，Aymar Mariño-Maza，Yoko Fujita，邓一泓，胡辰，袁周
总体设计	清华大学美术学院 + Studio Link-Arc（纽约）
执行建筑师	F&M Ingegneria
结构工程师	Simpson Gumpertz&Heger+F&M Ingegneria
幕墙顾问	Elite Facade Consultants+ATLV
机电顾问	北京清尚+F&M Ingegneria
业　主	中国国际贸易促进会
基地面积	4 590m²
建筑规模	3 975m²
设计时间	2013~2015年

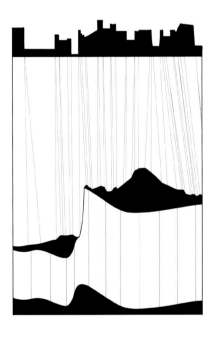

北侧：城市天际线

南侧：山水天际线

1	3
2	

1　南立面

2　城市天际线与山水天际线

3　北立面

　　2015 米兰世博会中国馆是中国首次以独立自建馆的形式赴海外参展的世博会场馆，其设计理念来源于对本次米兰世博会主题"滋养地球·生命之源"及中国馆主题"希望的田野，生命的源泉"的理解和思考。建筑师在面对场地南侧主入口和北侧景观河的两个主立面分别拓扑了"山水天际线"和"城市天际线"的抽象形态，并以"阁楼（loft）"的方式生成了展览空间；最后在南向主立面上，推出 3 个进深不同的"立面（Deep Facade）"，形成"群山"的效果，以此向中国传统的抬梁式木构架屋顶致敬。

　　通过将主体建筑从地面景观上抬起的行为，中国馆为游客提供了对"希望的田野"的多重观察角度。中国馆场地是一块南北向纵深的基地，观众由场地南侧的田野景观缓

缓拾阶而下，"浸"入一望无垠的"麦田"景观，由中国馆东南角不知不觉地进入到建筑内部。伴随着展览内容的深入，观众由大坡道来到位于建筑二层核心部位的平台，回望楼下，映入眼中的将是由 22 000 根 LED "麦秆"阵列出的变化的巨幅图像。影音厅位于二层流线的尽头，空间形态体现着平面和剖面布局中的巨大张力。位于影音厅外、漂浮于大坡面上的廊桥使得室外的景、自然光和新鲜空气可以自由进入内部空间。观众随廊桥穿插回室内，高耸的胶合木结构屋架构成的出口区为观众提供了极具纪念性的空间体验。

　　为了实现轻盈的屋面并满足大跨度的内部展览要求，中国馆创造性地采用了以胶合木结构、PVC 防水层和竹编遮阳板组成的三明治式开放性建构体系。作为中国传统建筑文

化的一个当代表达，中国馆采用胶合木与钢的混合结构来实现大跨度的展览空间。屋面主体结构由近 40 根南北向的结构檩条 (Purlin) 和 37 根东西向的异型木梁 (Rafter) 结合组成，其形成的 1400 个不同的内嵌式胶合木节点是结构设计与施工工艺的完美结合。

　　位于屋面最上层的是由竹条拼接的板材所组成的遮阳表皮系统。75% 遮阳率的竹板，为中国馆减少了屋面上的直射光和室内的反射强光，并在夏天为室内提供阴凉。同时，在建筑立面上又尽可能地取消了建筑幕墙，让充沛的自然空气进入室内空间，减少电能的消耗。光线透过竹编表皮漫射进中国馆室内空间，在 PVC 表皮上布下了斑驳的投影。建筑师希望通过这个造化自然的"空"来表达属于中国的空间品质。**END**

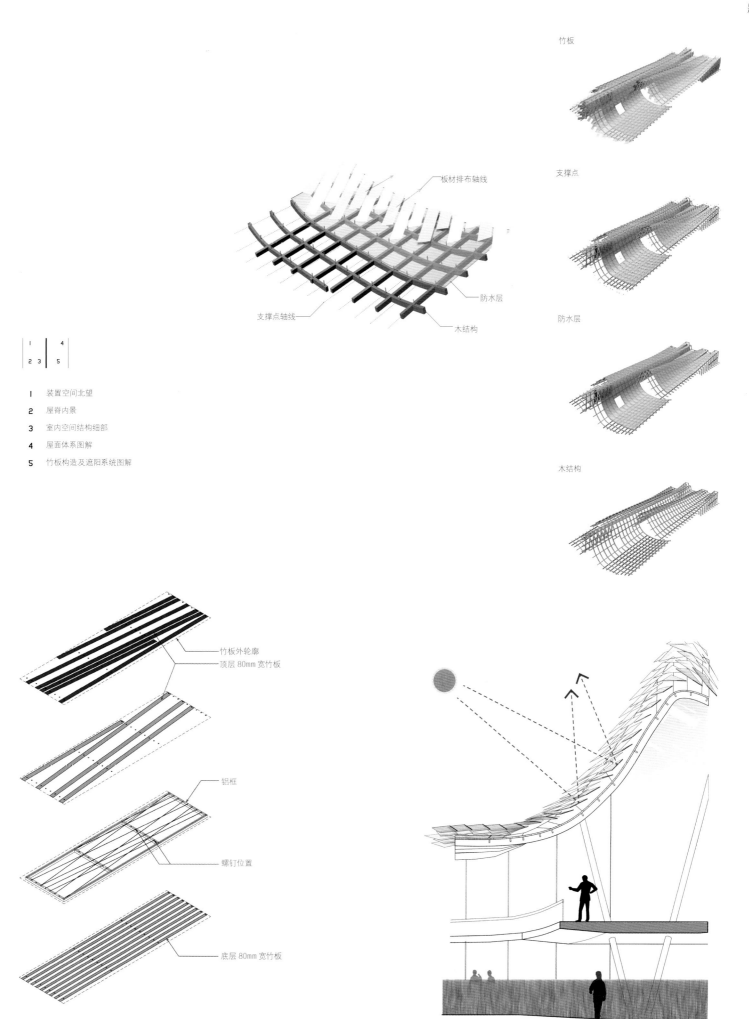

竹板

支撑点

防水层

木结构

板材排布轴线

防水层

木结构

支撑点轴线

竹板外轮廓
顶层 80mm 宽竹板

铝框

螺钉位置

底层 80mm 宽竹板

1　从屋顶栈桥看南立面

2　剖面图

3　屋顶栈桥出口

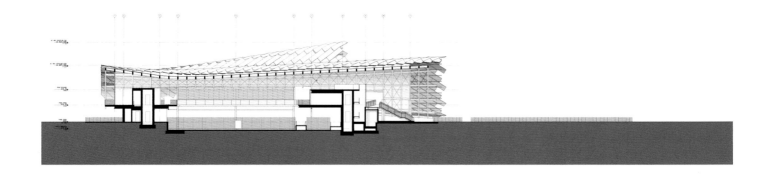

木檩条/木梁铰接节点；39mm 斜撑　　木檩条/木梁铰接节点；22mm 斜撑　　双木柱/木梁铰接节点

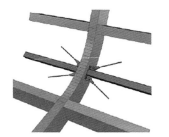  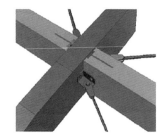

双斜撑节点　　钢檩条/木梁节点；22mm 斜撑　　木檩条/钢梁节点；带斜撑

1-3　构件细节图
4　装置空间东望

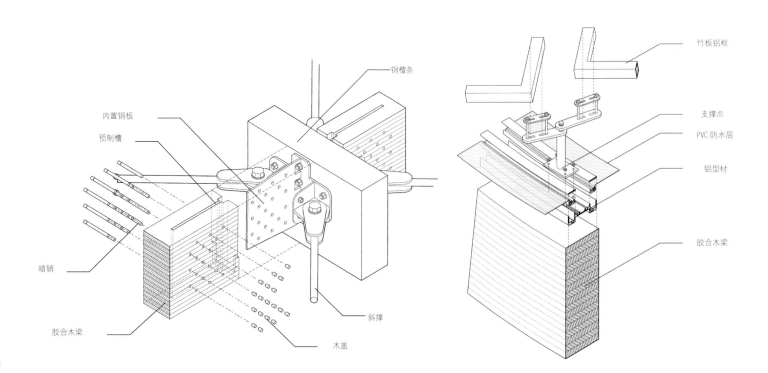

意大利馆
ITALY PAVILION

撰　文	festa
摄　影	Nemesi & Partners，Luigi Filetici，Pietro Barni
资料提供	Nemesi & Partners
设　计	Nemesi & Partners
建筑设计团队	Nemesi & Partners Srl, Michele Molè Founder and Directo,
	Susanna Tradati Partner Associate & Project Manager
团队总负责	Alessandro Miele
设计团队	Alessandro Belilli, Claudio Cortese, Kai Felix Dorl, Daniele Durante, Enrico Falchetti,
	Alessandro Franceschini, Davide Giambelli, Alessandra Giannone,Paolo Greco,
	Sebastiano Maccarrone, Paolo Maselli, Matteo Pavese,Fabio Rebolini,
	Giuseppe Zaccaria Fabrizio Bassetta, Tiziano De Paolis,
	Francesca Fabiana Fochi, Chiara Maiorana, Mariarosaria Meloni
业　主	Expo 2015 SpA
面　积	4 400m²
建造时间	2014年1月15日~2015年5月1日

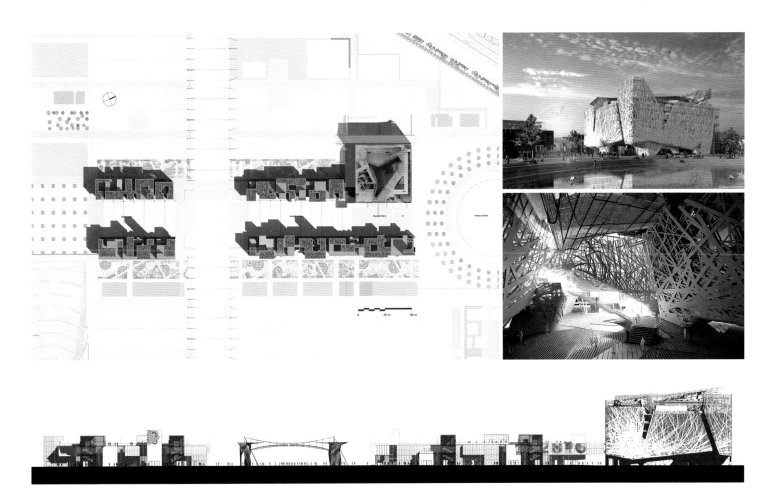

意大利馆对于本届世博会而言是一座里程碑的建筑，不仅是它所在的位置处于园区的最高点，而且作为世博结束后少有的保留在原址的永久性建筑，Nemesi & Partners 事务所用"城市森林"的理念来向世人展示对于意大利建筑传统的传承与创新。

赢得此次世博会意大利馆设计的 Nemesi & Partners 事务所，是从来自全球 68 家事务所递交的国际竞选方案中脱颖而出。建筑外观以"线"编织成光与影、实体与空隙之间的对话，让场馆如同纪念碑一般地矗立在土地上。

意大利馆的设计基于一个可持续能源的建筑理念，采用的钢材、光伏玻璃以及新型混凝土材料均是最新申请到专利的科技材料。场馆外观用 400t 钢材"编织"而成，其结构原理则出自建筑师的独特几何计算方式。钢材覆盖下的 700 多块 i.active 生物动力混凝土板（i.active Biodynamic concrete panel），构成了整个意大利馆 9 000m² 的立面。该混凝土板融合了意大利 TX 专利技术，能够利用光合作用，将空气中的污染颗粒转化成惰性盐，减少空气中的烟雾成分。所有建筑砂浆使用 80% 的再生集料，包括废料也采用来自中北部 Carrara 采石场，与采用传统白水泥相比降低了不少成本且色泽更为明亮。这些新型材料的运用令建筑师的设计更有"动感"，因为材料可塑性的特质，可以完成意大利馆流线型的结构造型。场馆的顶层则采用玻璃天幕加太阳能电池发电，为场馆提供整个世博会期间的设施用电，多余的电则供给该地区的公共电网。

场馆内部的设计运用了"城市森林"的形态，来寓意意大利多元生活的当下与未来。场馆北部代表了意大利各个区域，南部展区则主要展览意大利制造（made in Italy）的设计产品、特产以及可持续发展的产品。场馆室内的布局则被建筑师赋予了社会学意义，建筑师以传统意大利乡村的布局来设置在此设计了通往包括展览区、礼堂、场馆接待中心与会议区在内的四个区域，参观者可以沿着"树干"一路向上，在场馆的最顶端则是可以俯瞰距离意大利馆不远的中心湖广场，以及伫立在水池中央的永久性装置艺术"生命之树"，整个意大利馆与周围的布局在视觉上就如同"敞开心扉"的造型，赋予这片区域与场馆之间的空间流动。 END

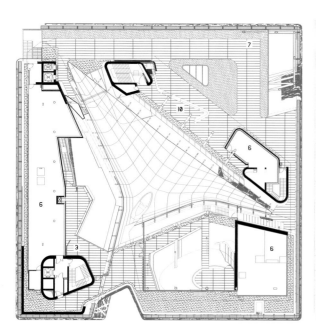

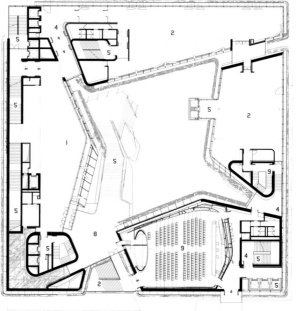

1 展区
2 办公区域
3 餐厅
4 公共空间及门厅
5 竖向通道
6 主要技术区域
7 平台
8 广场
9 礼堂
10 酒吧

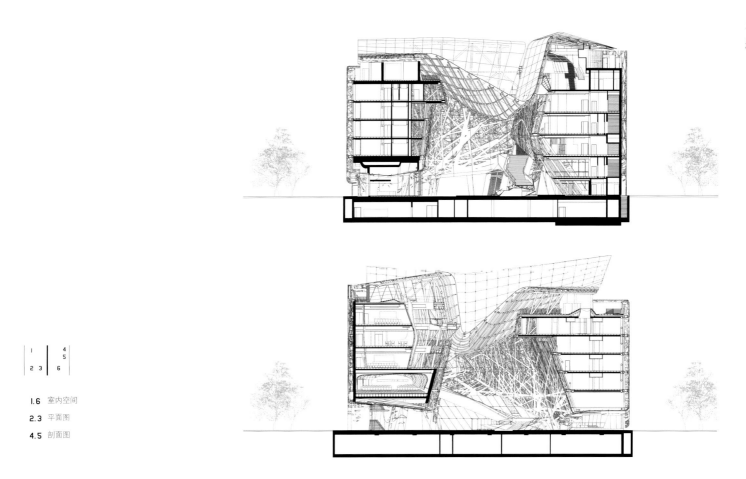

```
 1    | 4
 2  3 | 5
      | 6
```

1.6 室内空间

2.3 平面图

4.5 剖面图

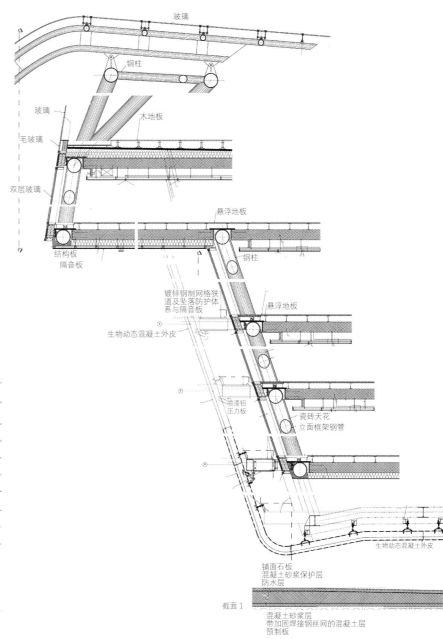

玻璃

钢柱

玻璃

木地板

毛玻璃

双层玻璃

悬浮地板

结构板
隔音板

钢柱

镀锌钢制网格栈道及坠落防护体系与隔音板

悬浮地板

生物动态混凝土外皮

喷漆铝压力板

瓷砖天花
立面框架钢管

生物动态混凝土外皮

铺面石板
混凝土砂浆保护层
防水层

截面1

混凝土砂浆层
带加固焊接钢丝网的混凝土层
预制板

```
    | 2 3
I   |
    | 4 5
```

I 参观动线

2 三维屋面模型构架

3 楼房结构

4.5 各层走廊

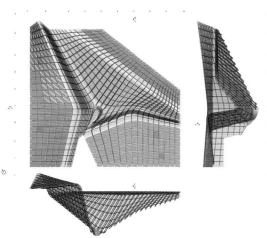

1-4 镜面与动态视频的互动展区

5 意大利本土植物展示

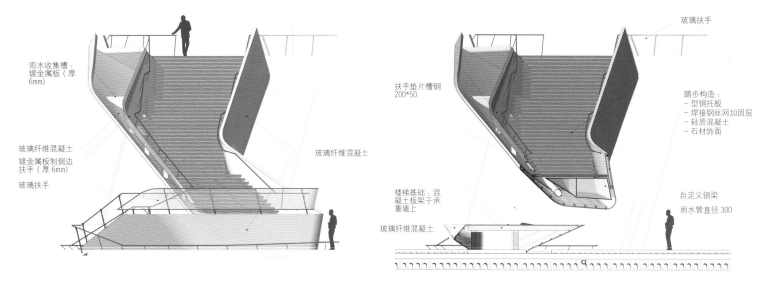

雨水收集槽：
镀金属板（厚
6mm）

玻璃纤维混凝土
镀金属板制侧边
扶手（厚6mm）
玻璃扶手

玻璃纤维混凝土

透视图

玻璃扶手

扶手垫片槽钢
200*50

踏步构造：
－型钢托板
－焊接钢丝网加固层
－轻质混凝土
－石材饰面

楼梯基础：混
凝土板架于承
重墙上

玻璃纤维混凝土

自定义钢梁
雨水管直径300

透视剖面图

玻璃纤维混凝土

1 透视图

2 透视剖面图

3 室内俯瞰

4 屋内细节

5 屋面

6 墙体结构图

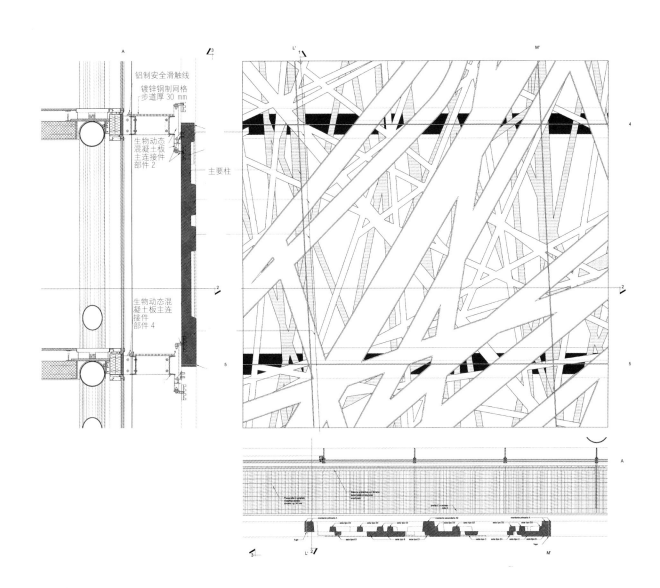

撰　　文	festa
摄　　影	Hufton+Crow, Mark Hadden, Wolfgang Buttress
资料提供	Wolfgang Buttress事务所（www.wolfgangbuttress.com）
建筑创意	Wolfgang Buttress
景观环境设计	BDP
结构工程师	Simmonds Studio
场馆建造	Stage one
物理学家	
及蜂蜜专家	Martin Bencsik博士
业　　主	UK trade and investment
面　　积	1 910m²

I | 2 3 | 4

I 蜂巢型室内

2.3 日夜效果

4 艺术家手绘稿

英国馆的设计初衷，为了响应本届米兰世博会的主题，提醒人们意识到未来的挑战：2050年，当全球人口数量超过90亿人时，人类应该如何生存。本届英国馆的设计创意，来自一位诺丁汉的艺术家Wolfgang Buttress，这也是本届世博会少见的以艺术家而非建筑师主导的场馆项目。

Wolfgang Buttress所设想的英国馆在方案初期被命名为"BE"，既有指蜜蜂Bee的意思，也有预示人类存在的Being含义在内。他用蜂巢式分配粮食的模式转化成建筑空间的形式来呈现。他的概念被认为将英国的建筑设计、生命科学、以及交互设计的理念结合在一起，直接回应了米兰世博会的主题。因此在2014年英国馆面向全球的竞标方案中获胜。

参观者对于英国馆的体验，是从一个水果园开启。沿途，人们可以看见英国当地常见的野花在草地上自然生长，这些植物带领人们进入"蜂巢"的核心位置。模拟蜂巢的英国馆主体建筑由超过18万个铝制部件构成，重量则超过30t。

在结构件上，设计师布置了1000盏Led灯，用来模拟蜜蜂在蜂巢里的活动体验。在场馆中，参观者可以用视频设备连接到英国诺丁汉的某些真实蜂巢。由英国蜂蜜专家Martin Bencsik博士设计的观察装置，可以令远在米兰的参观者亲眼目睹蜜蜂的生活场景。蜂巢建筑中循环播放的声音，也是录自蜜蜂在蜂巢里发出的声音。

作为场馆主体的蜂巢，在Wolfgang Buttress最初绘制的概念基础上，经过负责结构的事务所Simmonds Studio与建筑搭建的BDP再深化设计出建筑结构空间。搭建蜂巢的结构件主要包括三个部分——由桁架弦杆（chord）、杆（rod）以及节点构件（nodes）组成。搭建方式则是在重叠交叉的桁架弦杆上以半圆形的节点构件为支点连接起整个空间。这些组合件搭建起一共32个水平层。

场馆以蜜蜂的旅程作为主题，强调占世界人口小于1%的英国，它的创新者与企业家，如同蜜粉授粉一般，在全球食物链与生态体系中的作用。 END

1   登山运动员在现场

2   屋顶细节

3   剖面图

4   参观者仰视屋顶

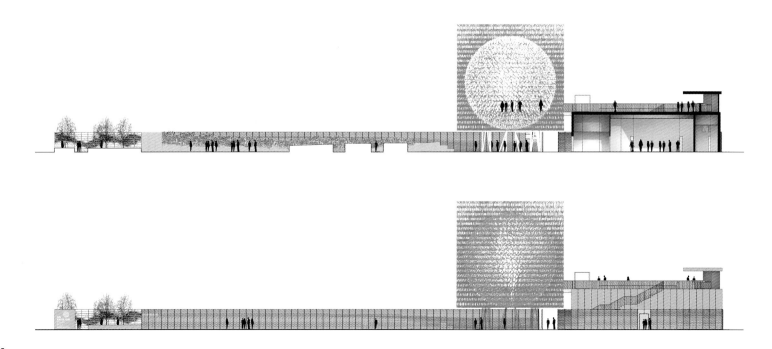

阿联酋馆
UAE PAVILION

撰　文　　张皓
摄　影　　Nigel Young, Foster + Partners
资料提供　Foster + Partners

建筑设计　Foster + Partners
设计团队　诺曼·福斯特, David Nelson, Spencer de Grey, Gerard Evenden, Kevin Castle,
　　　　　John Blythe, Andre Ford, Giovanna Sylos Labini, Ronald Scheurer,
　　　　　Daniel Skidmore, Andrea Soligon, Davide Conti, Giuseppe Lucibello

景观顾问　WATG
建筑面积　5 000m²

1	3
2	4
	5

1.2.5 馆内展示区

3.4 平面图

　　继 2010 年上海世博会之后，Foster + Partners 事务所再次主持了米兰世博会阿联酋馆的设计。虽然时隔 5 年，但两个场馆在形态方面的设计灵感均是来自于"沙"，意指通过对"沙"的演绎来体现"沙漠之城"的特点和变迁。本次世博会的展馆设计则更加注重对阿联酋当地在应对恶劣的沙漠环境方面所取得经验的现代化演绎。

　　展馆基地靠近世博园区核心区域，是一块长约 140m 的狭长地块。设计师用两面高达 12m 的墙体限定出一个类似峡谷的入口，高耸蜿蜒的曲面使人们感觉到仿佛是在古老的沙漠城市中那幽暗狭窄的街道里穿行，这两面高墙的曲度和纹理都是通过对一些沙丘表面进行 3D 扫描来获得的，在质感和真实性方面下足了功夫。通过"峡谷"，游客将到达展馆的礼堂、展厅和用餐区，一条电子化的灌溉渡槽从入口开始，一直贯穿于各个空间，引领游客体验阿联酋的历史、文化以及在应对环境变迁的各种措施。在展馆的最后区域是一个人工设计的绿洲，绕过绿洲则是一处咖啡厅，其一层是餐厅，二层是阳台。在景观设计方面，均采用了模拟阿联酋当地的地形和植被特点的做法，最大化地再现了沙漠城市的景观特色。

　　在世博会结束之后，展馆将被拆卸运回阿联酋，在马斯达尔城重建，以体现米兰世博会的可持续主题。马斯达尔是世界上首个零碳排放的城市，其设计一方面效仿沙漠城市中的古老智慧，另一方面采用了许多高新技术。这座"城市"的设计师也是诺曼·福斯特，并且也有高 12m 的城墙。

　　阿联酋今天所遭遇的恶劣环境，明天也许会是世界其他地方的境遇，所以，阿联酋的经验是具有全球性的。本次世博会阿联酋馆所展示的一系列措施，尤其是对当地传统经验的现代化演绎，令人激动的同时又令人深思。END

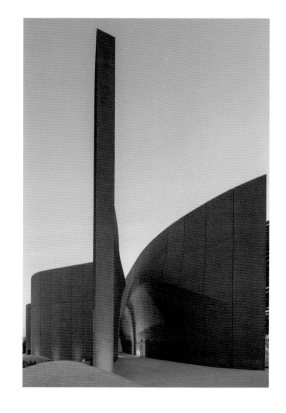

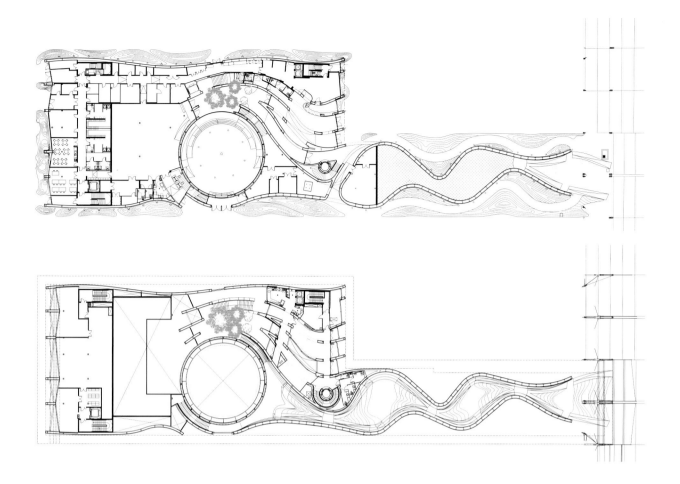

1　走道

2-4　基于 3D 扫描沙丘设计的墙面

5　内部展览

6　剖面图

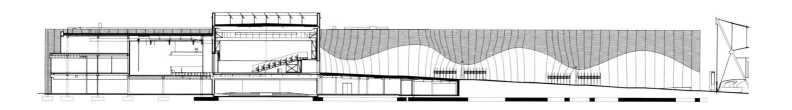

奥地利馆
AUSTRIA PAVILION

撰　文	张皓
摄　影	Daniele Madia, terrain：BDA, Marclins
资料提供	Terrain：BDA

建筑、景观设计	Terrain：BDA, Klaus K. Loenhart
设计团队	Markus Jeschaunig, Karlheinz Boiger, Andreas Goritschnig, Bernhard König, Anna Resch, Lisa Maria Enzenhofer
结构工程师	Engelsmann、Peters Stefan Peters
面　积	560m²
业　主	Bundesministerium für Wissenschaft, Wirtschaftskammer Österreich

近几十年工业技术的进步，带来了严重的环境问题，人类的活动对生物、地质及大气环境都产生了巨大影响。为了回应2015米兰世博会的主题——滋养地球·生命之源，奥地利馆以"呼吸"为主题，呼吁人们关注作为人类最重要的必需品和资源之一的空气。并且，奥地利馆通过把自然的生态环境和人工的技术结合起来，尝试在城市环境中营造一处有巨大"生态效益"的空间。

展馆围绕一大片植被形成整体的框架，并且这一框架充当着内部景观功效的展示场所。展馆内的森林由12种奥地利当地森林生态类型组成，包括从苔藓、灌木到高达12m的林木。奥地利馆利用人工智能技术把植被进行蒸腾作用时带来的冷却效果进行放大，尽管展馆只有560m²，但是高压迷雾喷头的使用扩大了馆内植物进行蒸发的叶表面积，使之达到了43 000m²。植被的蒸腾作用对展馆内的空气进行冷却，改变了展馆内的温度和湿度。在米兰湿热的夏天，奥地利馆是世博会园区内唯一一个不需要空调

的展馆。当室外温度为30℃的时候，展馆内始终保持在25-26℃的宜人温度。另外，43 200m²的植被绿叶表每一小时可以生产62.5kg的氧气，同时满足1800人的需氧量，从而对全球氧气生产过程做出贡献。尽管受到空间约束，但是奥地利馆成功地在有限的面积内创造了一处独特的气候环境。馆内所提供的令人愉悦的凉爽和新鲜的空气让游客不由地流连其中。

奥地利馆另一个重要的特征是它在能源方面的平衡，场馆所产生的和所消耗的能源是一样多的。场馆基础设施（如水泵、厨房、照明等）所需的电能来自于屋顶和太阳能雕塑上的光伏系统，这种太阳能雕塑利用了一种叫做"Grätzel-cells（染色太阳能电池）"创新技术。这项新技术首次以艺术形式出现，多余的电能将被接入意大利当地电网。

人们已经认识到人类的活动对自然环境的运转带来了不可估量的影响和改变，城市的发展也面临着日趋匮乏的能源、健康和生态问题。从城市结构到开发模式，一系列

应对环境恶化趋势的对策逐渐引起人们的关注。"呼吸·奥地利"作为一种建设模式鼓励人们在可再生能源、智慧城市、循环经济、零碳排放及绿色技术等方面进行新的发现和创新。奥地利馆展示了自然和技术的混合系统可以同时在经济、环境和生态方面取得成功，依托于米兰世博会这一平台，这一系统也展示了此做法可以被应用到全球范围内其他的大城市中去，可以说，奥地利馆开创了一种新的都市实践的范式。

从五月初米兰世博会开幕之后，参观奥地利馆的游客无不沉浸在场馆内新鲜的空气之中，并且可以通过他们自身的各种感觉体验到森林系统的功效。超过12 800种多年生草本、草地和林木已经被种植在经过设计的复杂地形中三个多月了，第一批洁白的花卉也从叶底钻了出来，蒲公英传播着它们的种子，苔藓和云杉的清新味道在空中漂浮着……

新陈代谢——森林的开始。

请深呼吸。 END

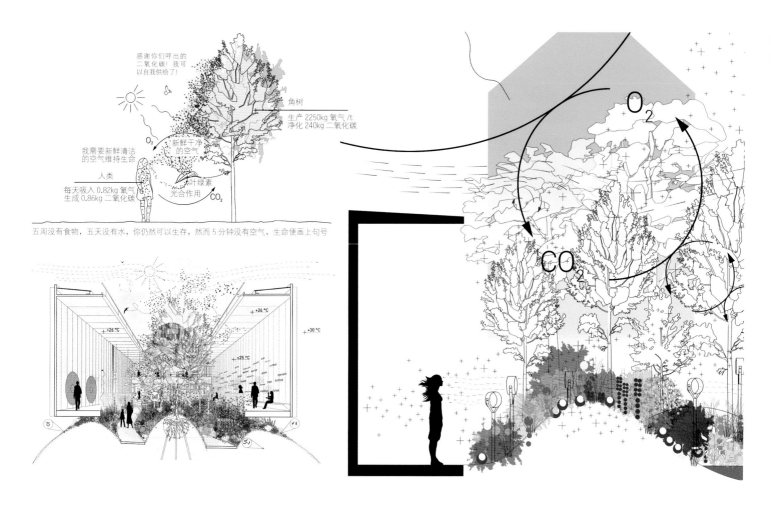

感谢你们呼出的
二氧化碳！我可
以自我供给了！

角树
生产 2250kg 氧气 /t
净化 240kg 二氧化碳

O_2

我需要新鲜清洁
的空气维持生命

新鲜干净
的空气

人类

叶绿素
光合作用

每天吸入 0.82kg 氧气
生成 0.86kg 二氧化碳

H_2O

CO_2

五周没有食物，五天没有水，你仍然可以生存，然而 5 分钟没有空气，生命便画上句号

+26 ℃

+26 ℃

+25 ℃

+30 ℃

O_2

CO_2

```
I      2   4
       3
       5   6
```

I   入口通道

2-4   循环系统示意图

5-6   外景

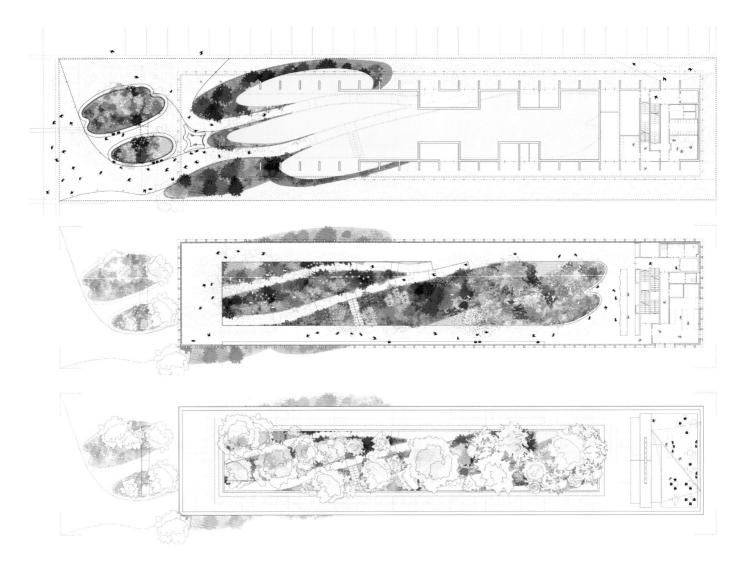

| 1 | | | 5 |
| 2 | 3 | 4 | 6 7 |

1 平面图

2-5 种满绿植的场馆

6.7 植物循环系统原理

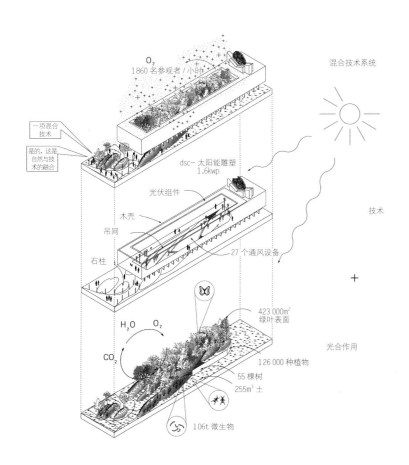

1 | 2
  | 3

1 夜景

2 剖面图

3 室内场景

巴西馆
BRAZIL PAVILION

撰 文	张皓
摄 影	Filippo Poli，Atelier Marko Brajovic，Raphael Azevedo França，Andre Tagliabue
资料提供	Studio Arthur Casas

设计团队	Studio Arthur Casas, Atelier Marko Brajovic
建筑设计	Arthur Casas
合作建筑师	Alexandra Kayat, Gabriel Ranieri, Alessandra Mattar, Eduardo Mikowski, Nara Telles, Pedro Ribeiro 与 Raul Cano
展陈设计	Atelier Marko Brajovic
建筑面积	3 674m²

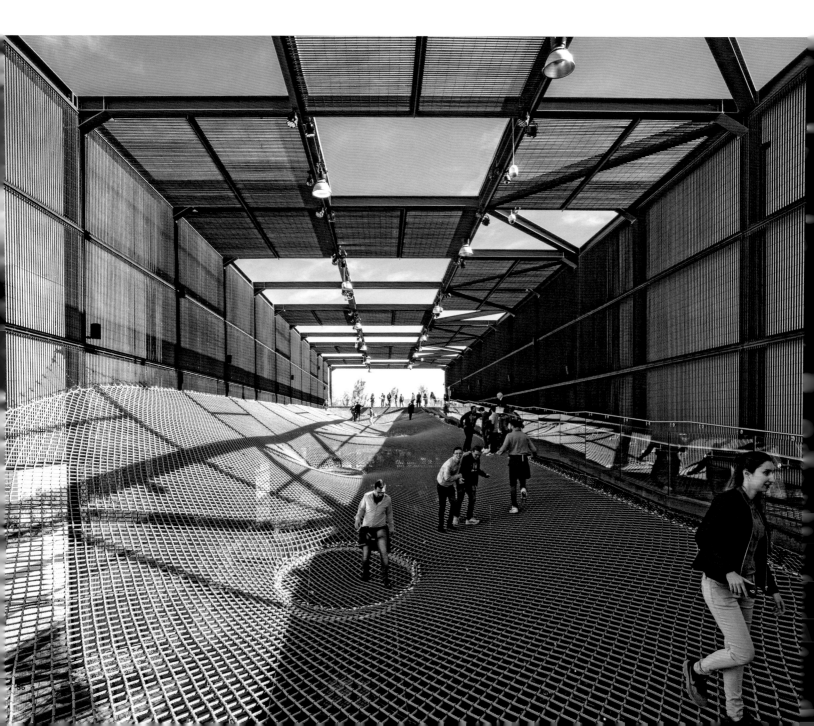

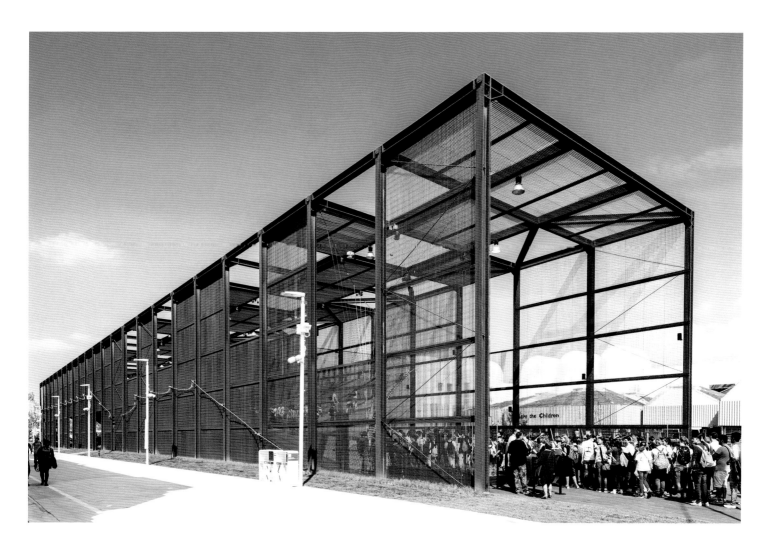

巴西境内自然环境优越，水系密布，森林覆盖率达 57%。并且农牧业非常发达，多种农牧产品的出口量长期居于世界前列，同时依托农业优势，巴西大力研发绿色能源，是世界上唯一一个在全国范围内不供应纯汽油的国家。从依赖自然资源到与自然环境共生，巴西探索出了许多可持续发展的良策，包括在不破坏生态环境的前提下提升土地的生产率以及使用最新的高科技来应对环境变化等。可以说，巴西本身就是本次世博会主题——滋养地球·生命之源的一个实际案例，但是，巴西人想要表达的远远比展示现有的成绩更多。

巴西馆是世博会场地上最大的建筑结构，由两栋紧密相连的建筑组成。展馆由 Arthur Casas 事务所和 Atelier Marko Brajovic 工作室合作设计。两栋建筑一实一虚，相互映衬，内部空间的联系和建筑结构及表面材料的相互穿插使得建筑在构型方面更加整体。建筑材料的使用和颜色的搭配也非常有寓意，土地的颜色和裸露的钢结构意指巴西富饶的土地和丰富的铁矿石，这种表现方式非常直接和具有冲击力。设计师尝试在有限的空间内把建筑和景观设计结合起来，在为游客提供独特体验的同时表达巴西农牧业的

发展以及其在全球粮食生产中扮演的重要角色。

巨大的钢框架支撑起了一个形似凉棚的通透空间，除了主入口外的立面全部用穿孔金属板进行遮挡，建筑顶部仅部分面积使用穿孔板，增加了与自然环境的互动并创造了良好的光影关系。设计师在底层种植了许多巴西当地的植被，然后用一张网把整个框架内的空间联系起来，这张由绳索组成的网篷串在钢框架的柱子上，并用金属固件进行固定，在室内创造了一个类似蹦床的"弹性公共空间"，游客可以在网篷上攀爬，游走于各处，还可以透过网格的空隙，从另一个视角观察下面的南美植物。网篷的设计灵感来自于"网络"，一本正经中带些戏谑的感觉，但这种具象的表达方式提醒着人们身边无处不在的网络，包括全球食物供应和消费网络，作为一个装置，它让来自四面八方的人在一起玩耍、分享、互助并成为朋友。展馆的底层是依据不同主题布展的植物，大多是在南美本土栽培的。种植着植物的方盒子依据正交的网格布置，限定出一条蜿蜒的小路，其灵感的原型是亚马逊河蜿蜒优美的曲线。正交的网格和有机的景观相结合，形成了一场人工与自然之间的对话和叠加，置

身于这个空间，能明确感受到设计师所要传达的人与自然的相处之道。

主展馆和钢框架之间依靠几条大斜坡和楼梯连接，通过这些交通空间游客可以方便地到达主要展区。展区围绕一个呈弧形的可以自然采光的中庭布置了礼堂、咖啡厅、酒吧、餐馆和办公设施以及一个售卖特产和纪念品的临时商铺。巴西的许多艺术家和设计师被邀请参展及参与展区设计，一些互动装置用于展示巴西在食品工业方面取得的技术革命，整个展区展示了巴西具有创造性的一面。另外，巴西馆使用了预制模块进行建设、水循环利用系统和可回收材料，以降低对环境的影响。

在 51 年前（1964 年）的"米兰三年展"上，建筑师 L. 科斯塔设计了一个网状的吊床，并邀请人们去休息和参观，今天，巴西馆再次用一张巨大的网来迎接来自四面八方的游客。巴西馆从建设方式到空间设计再到展陈内容，都在诉说和传达着一种渴望——激发人们对地球这片领土的好奇心和探寻一种与自然共生的发展模式。巴西馆展示了把乌托邦的想法转变为现实的可能性，并且鼓励人们响应世博会的主题——滋养地球·生命之源去找寻粮食问题和环境恶化的解决之道。**END**

1 室内的参观人群

2 立面图

3 剖面图

4 来自南美的植被

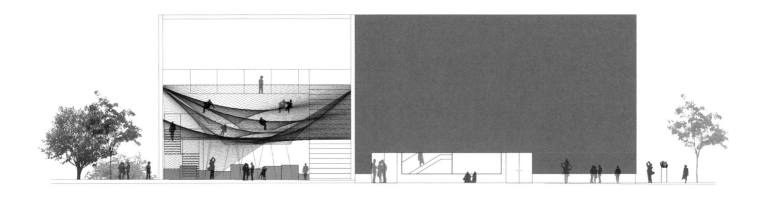

1.3 展区

2 由巴西设计师参与设计的展览

4-6 位于弧形空间中的咖啡馆与公共空间

法国馆
FRANCE PAVILION

撰 文	朱笑黎
摄 影	A.Rispal, Andrea Bosio
资料提供	XTU Architects

建筑设计	XTU Anouk Legende, Nicolas Desmazières
设计团队	Nicolas Senemaud, William Bianchi, Stefania Maccagnan, Gaelle Le Borgne
环境工程	Oasiis
景观设计	Agence Laverne Paysagistes
总面积	3 532m²
使用面积	3 286m²
竣工时间	2015年9月

　　法国的农业相当发达，以物产丰富著称，由此也孕育出了享誉全球的美食文明。在本次世博会上，法国馆以"食材市场"为场景，生动再现了作物经由种植、收获、加工直至销售的全过程，同时也为游客鲜活描绘了法国这片沃土的丰饶、富足与多产。

　　展馆由法国本土事务所——XTU设计，该事务所的作品多注重建筑物与自然的结合，擅以将未来主义之风格融于有机的建筑形态之中。近些年来，所内建筑师亦致力于探索城市农业的可能性，并尝试将建筑设计与生命科学、生态学及城市发展相融汇，以期实现建筑物的节能，甚至是能源自供。由是，以可自足的"食材市场"为主题的法国馆，可说是极好地阐释了这一理念。

　　踏入展馆，一派清新的山地乡村之风

拂面而来。展馆为木结构，木材选用法国原产胶合叠层木，云杉于内，落叶松在外。馆内，树形的立柱支撑起宏大的如涟漪般起起伏伏的拱顶，构建出充足的空间，以供人们游览、休憩、办公及通行。展馆共有三层，底层为主展区，模拟出一幕真实且生机盎然的食品市场景象。在其中，游客们看到的并不只是枯燥的商品陈列。葱茏绿意间，各色展品巧妙地悬于木格结构之下，营造出奇妙的空间倒错之感，平添趣味之余，更让游客领略到木结构本身所具有的灵动之美。值得一提的是，得益于中央顶塔的设计，展馆有良好的自然通风效果，故能保持低能耗运行。而其二、三层分别为办公、VIP区域及餐厅，进一步实现了展馆的功能多样化。END

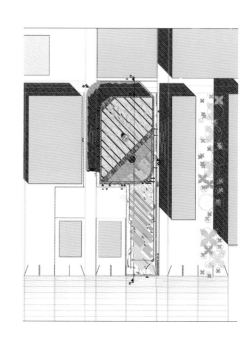

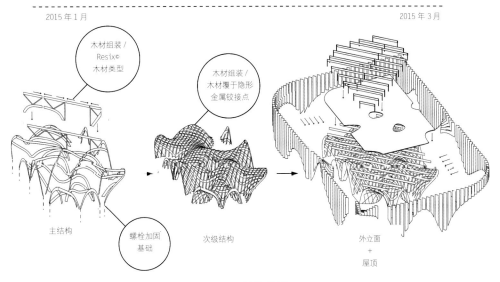

12 周

2015 年 1 月 　　　　　　　　　　　　　　　　　　2015 年 3 月

木材组装 /
Resix©
木材类型

木材组装 /
木材覆于隐形
金属铰接点

主结构

螺栓加固
基础

次级结构

外立面
+
屋顶

结构体系

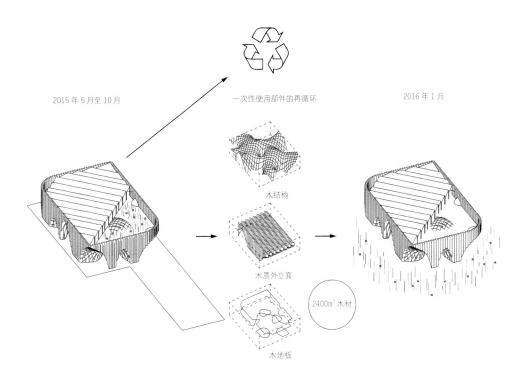

2015 年 5 月至 10 月 　　　　一次性使用部件的再循环 　　　　2016 年 1 月

木结构

木质外立面

2400m³ 木材

木地板

装配 + 拆解 + 再组装

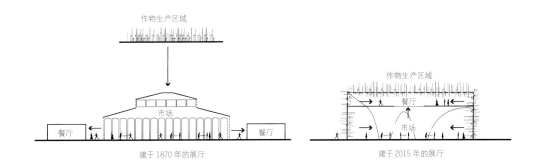

作物生产区域

市场

餐厅

餐厅

建于 1870 年的展厅

作物生产区域

餐厅

市场

建于 2015 年的展厅

市场的演变

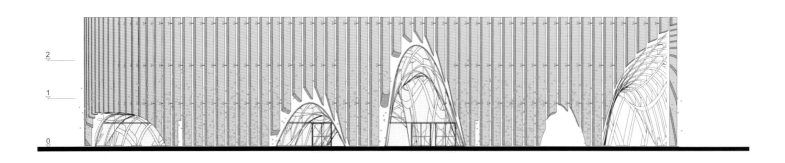

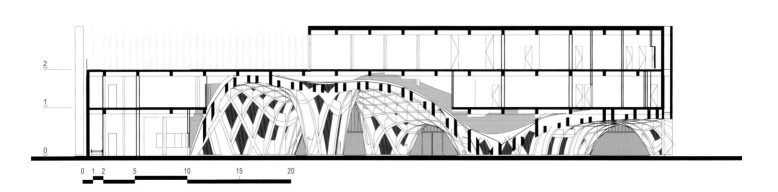

1.4 主展厅市场细节

2 外立面

3 剖面图

5 一层平面

6 二层平面

01 花园

02 入口

03 主展厅市场

04 临时展厅

05 商店

06 VIP 区域

07 办公区域

08 通行空间

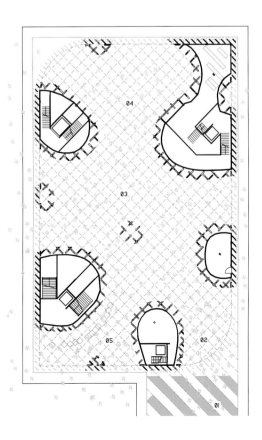

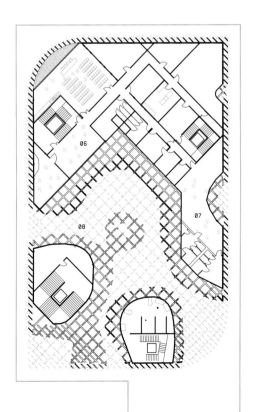

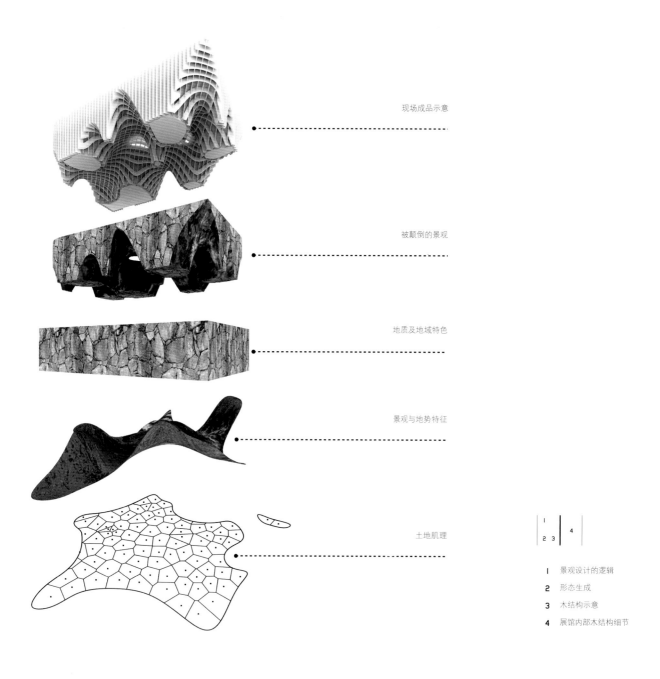

现场成品示意

被颠倒的景观

地质及地域特色

景观与地势特征

土地肌理

| 1 | | 4 |
| 2 | 3 | |

1　景观设计的逻辑

2　形态生成

3　木结构示意

4　展馆内部木结构细节

形态生成

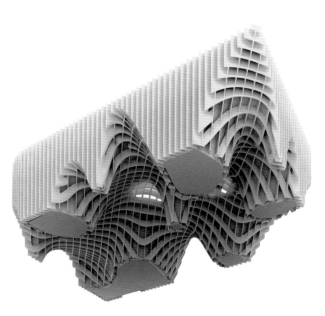

木结构

捷克馆
CZECH PAVILION

撰　　文	张皓
摄　　影	CHYBIK+KRISTOF ASSOCIATED ARCHITECTS, Pietro Baroni
资料提供	CHYBIK+KRISTOF ASSOCIATED ARCHITECTS

设计单位	CHYBIK+KRISTOF ASSOCIATED ARCHITECTS（www.chybik-kristof.com）
设计团队	Ondrej Chybik, Michal Kristof, Krystof Foltyn, Pavel Hruza, Vojtech Kouril, Martin Kos, Veronika Mikulkova, Radim Musil
视觉工程	Miss³.cz
项目内容	展馆、餐厅、泳池
建设单位	KOMA Modular s.r.o.
项目规模	3 200m²

I.2 捷克馆外观

3.4 搭建过程

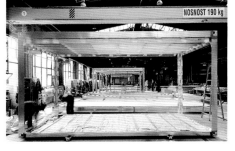

　　捷克是一个内陆国家，国土面积较小，其生产和生活所需的水资源主要依赖地表水，从历史传统来看捷克也一直比较注重对水资源的保护和利用。在本次以"滋养地球·生命之源"为主题的米兰世博会上，捷克馆便以"水"为主题，充分体现了捷克这个国家与水共生的关系。

　　展馆的设计方案是通过国际招标产生，建筑师 Ondrej Chybik 、Michal Kristof 以及 KOMA Modular s.r.o 公司赢取了本次竞赛，其中 KOMA Modular s.r.o 公司负责建筑物的建造。在设计理念方面，建筑师主要抓住了两个方面，一是会展性质的建筑往往是临时性的，另一个是用"水"这一元素来回应"滋养地球·生命之源"这一主题。为了解决世博场馆在世博会闭幕之后往往被拆除和废弃的问题，捷克馆在设计上采用了模块化建造的方式，这些模块先在捷克国内预制，然后运往米兰组装。在世博会结束后，模块将会被拆卸和运回捷克以新的方式重新利用。设计师为了突出"水"的主题，在展馆底部的公共空间设置了一处游泳池，这处泳池的水体净化使用了最新的纳米净化技术，体现了捷克在这一领域的领先地位，另外，用游泳池的方式展示捷克与水共生的悠久历史也是非常讨巧和醒目的做法。

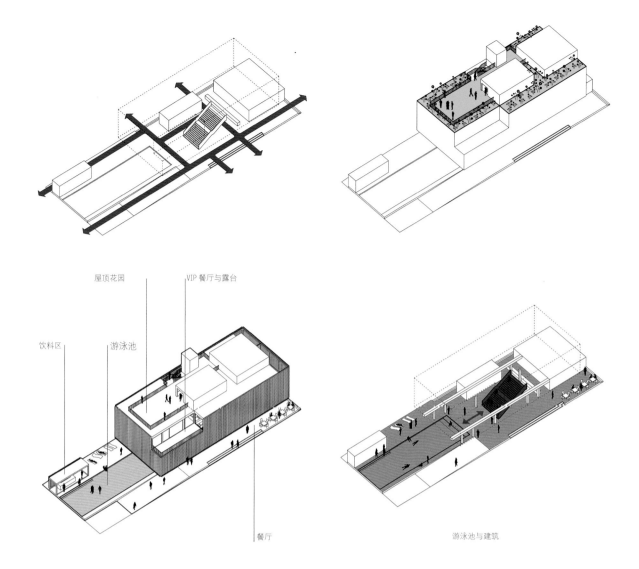

屋顶花园　　　VIP 餐厅与露台

饮料区　　　游泳池

餐厅

游泳池与建筑

1	2	5
3	4	
		6
		7

1.2 轴测图

3.4 分区说明

5 屋顶花园

6.7 剖面图

　　两位年轻的主创建筑师均有在知名事务所（PPAG 和 BIG）工作过的经历，他们于 2010 年合作成立 Chybik + Kristof Associated Architects 事务所，其建筑项目多以简洁明快为主要特色。在本次捷克馆的设计上也延续这种特点。展馆的底层由一个游泳池，一个小型的露天剧场和一个餐厅组成，这部分空间直接对城市打开，形成了主要的开放空间。主体建筑的一层和二层是捷克馆的展览空间，主要围绕中庭和一个餐馆进行布置，在空间的组织方面显得比较整体。另一个亮点是对屋顶的处理方式，设计师选择了屋顶绿化和对游客开放的形式，让游客在屋顶可以看到世博会园区的整体风貌。由于主体建筑是用预制模块组成的，为了遮挡这些模块

和大面积的玻璃窗，设计师使用竖向的遮光栅格对其进行包裹，使建筑看起来更加浑然一体，并且底层开放空间的设计使得这样一个大体块并不显得沉闷，而常有些许轻盈感。展馆的内部设计则是和几位捷克杰出的当代艺术家合作完成的。包括在游泳池中由 Luke Rittstein 设计的塑像，在屋顶由 Jakub Nepras 设计的雕塑——布拉格动物园，由 Luke Rittstein 和 Jakub Nepras 设计的雕塑——生活实验室（ life laboratory ），以及由 Maxim Velcovsky 在楼梯中间设计的雕塑和 Federico Diaz 设计的浮雕等等。

　　捷克馆在一些细节上的考虑也是非常周全和有创意的。如，考虑到米兰夏天湿热的气候环境，展馆为游客提供了一些额外的服务和物品。如果游客在展馆内的餐厅或者

是游泳池进行休息，会有免费的沐浴物品提供，游客所得到的拖鞋、泳衣和毛巾等物品都是由捷克在世界范围内领先的纳米技术智能材料制造的，上面印有一些宣传信息，这样，他们可以将这些可多次使用的物品带回去继续使用，也顺便扩大了宣传的效果。

　　世博会闭幕之后，捷克馆的主体建筑将会被拆分为单个模块运回捷克，并且以新的方式重新利用，如展馆底部的餐厅和泳池可能会在布拉格滨水区被继续使用。而在世博园区遗留下的部分建筑也将会被赋予新的使命，例如改造成公共浴池、幼儿园或者其他建筑。对捷克馆来说，世博会是一场展示和一次经历，但其生命远不会随着盛会的闭幕而结束，此处的结束是彼处的开端。**END**

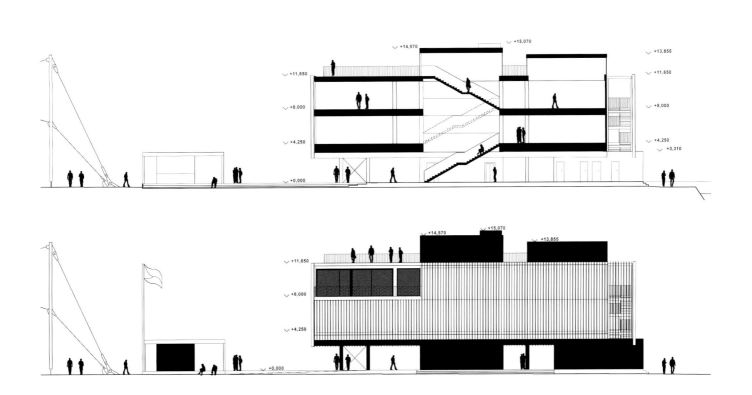

1　参观者在游泳池中

2　墙面细节

3.4　模型

5　室内

Land of Stories

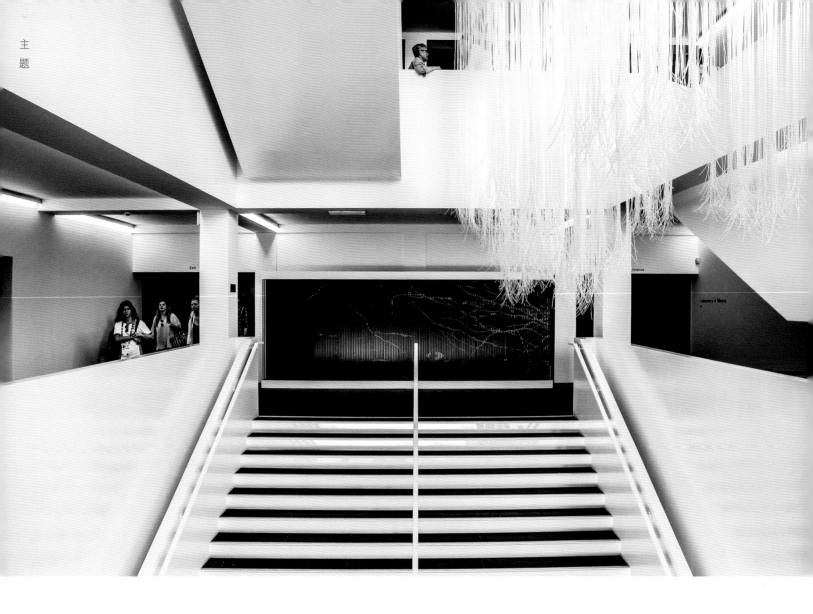

1.2 公共区域的展览

3-5 展馆中的科技互动装置

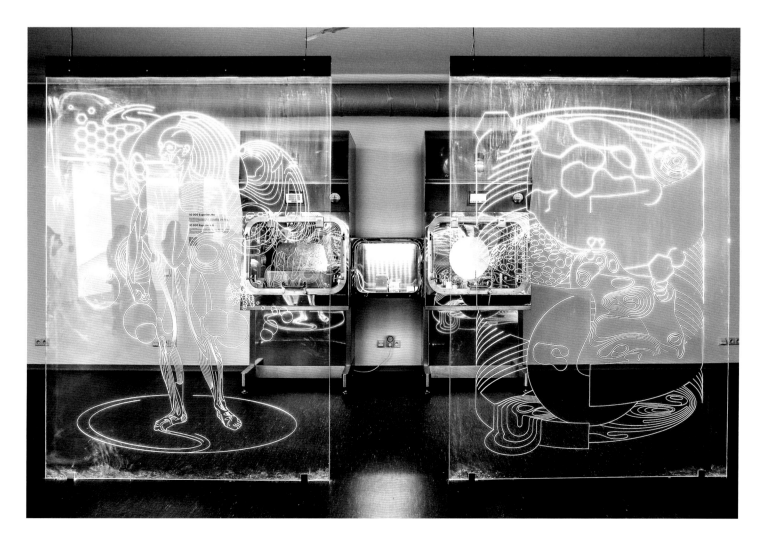

德国馆
GERMAN PAVILION

撰　文	张皓
摄　影	SCHMIDHUBER，Milla & Partner + Nüssli
资料提供	SCHMIDHUBER

建筑设计	SCHMIDHUBER
展陈设计	Milla & Partner（德国斯图加特）
项目管理与建设	Nüssli (Deutschland) GmbH, Roth
建筑面积	4 913m²

1.5 德国馆入口

2-4 3D 模型图

米兰世博会的主题是"滋养地球·生命之源",其提出的背景是由于人口增长、气候变暖、资源需求增加等因素带来的全球发展困境。在这一困境下如何解决全球粮食供应和保障食品安全成为全世界所关注的焦点。米兰世博会的举办即希望人们在技术、创新、文化和传统等多个维度来探寻一些解决之道。德国馆以"理想的田野"为主题,通过概念性的展览和实体的建设设计,展示了德国在应对未来食物问题方面的创意和方案,并引导着游客自己去探索和发现,感受自然的力量。场馆呈现出一个全新且令人欣喜的德国形象:开放、热情、友好和具有奇思妙想。

与上海世博会德国馆的设计团队相同,本次德国馆仍由 SCHMIDHUBER 和 Milla & Partner 合作设计,其中 SCHMIDHUBER 事务所负责了总体规划、建筑和空间设计,Milla & Partner 事务所负责了展陈设计、概念策划和媒体展示等。德国馆本身作为一处"景观"所展现出的是一种富饶和充满活力,并且通过建筑的外形设计和室内的展陈向人们传达着这样的理念:大自然是人类获得食物并且能够生生不息的根本源泉,在未来,人们必须更加恭敬地处理好和自然之间的关系,以及更加明智地使用自然资源。

德国馆使用一些巧妙的设计方法把德国的田园风光和建筑美学完美地结合了起来。在整体形态方面,建筑从平地坡起,平缓上升。水平直线、坡度较缓慢的斜线以及曲线的结合使用,使建筑在看起来稳重的基础上增添了些灵动的美感。展馆的设计可以从两部分来解读,一部分是完全对外开放的景观平台,另一部分是室内的展览空间,这也是两种不同的游览路线的组织。景观平台使用了大量原产自于德国的天然木板,木板的拼贴意在让游客联想起德国的田野和牧地,在平台徜徉,可以看到如叶般的遮篷投下有趣的光线和阴影,既可以在这里小憩也可以来一趟发现之旅,去探寻自然的奥秘或者顺着"种植""希望之树"的树洞向下望去,看看室内的活动和展览。顺着木平台往

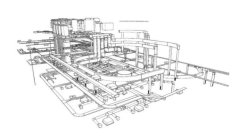

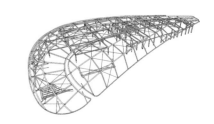

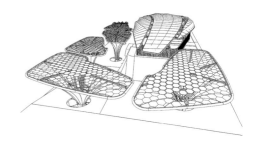

前走，绕过建筑一圈就到达最高的观景台，在那里视野开阔，可以看见下面的公共活动区域和一直延伸到远处湖边的开放空间。

展馆内展陈的内容与米兰世博会的主题以及德国在食物和营养方面的探索紧密契合，共设有六大主题展区，并且通过一条参观流线把这几个展区串联起来，最后来到最具震撼力的"室内剧场"。前四个展区分别以水、土壤、气候和生物多样性为主题，让游客感受大自然为人类提供食物的神奇力量，紧接着的展区展示德国食物的生产和消费，以及最后一个"创意花园"。整个展区使用了很多高新技术，例如使用"种子板"这种感应成像技术，把枯燥的说教变得生动和有意思，提高游客的参与度。本次展馆设计最大的亮点是以植物芽的形状为原型的覆膜遮篷——"希望之树"，这些遮篷从底层的展览空间开始"生长"，穿过展厅的屋顶，最后在空中散开，一方面为室外的

游客阻挡了米兰夏天的艳阳，但最重要的是把建筑的内外空间，展览空间和建筑本体串联了起来，尤其是在塑形上使用了仿生学词汇和有机曲线让其表现力十足，令人映像深刻。另外，德国馆根据自己的创意重新设计了有机光伏电池的外观和性能，使其更能符合"希望之树"的外形要求，并且把这种电池运用到整个展馆中。

除了让人一饱眼福的展览外，德国馆在展馆的西南部设置了一个可以容纳350人的餐厅，为游客提供美味的德国美食。餐厅外面是一个设有桌椅的户外开放空间和一个供人休息的大台阶，在这里——德国广场，游客既可以欣赏到来自德国的顶级艺术表演，也可以与来自全世界的朋友偶遇和交流。可以说，德国馆展现出来的热情和德国在可持续发展方面的努力深深打动了人们，紧接着的便是希望人们参与其中和行动起来，就像德国馆的另一个口号那样——Be active! END

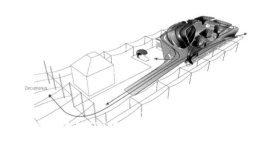

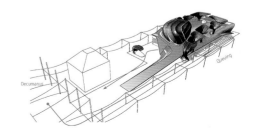

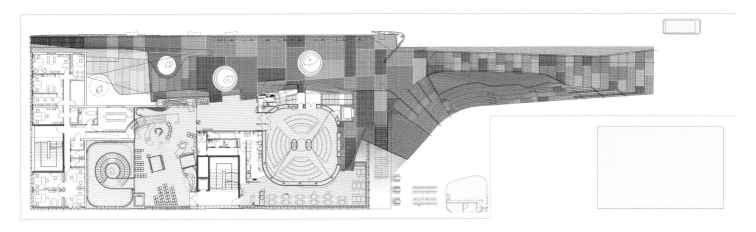

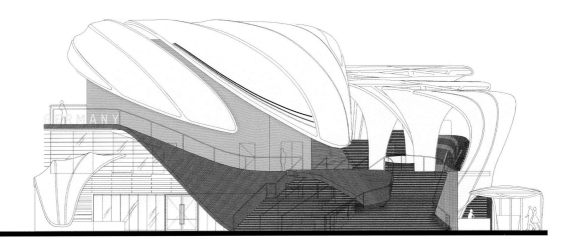

1	4
2	5
3	6	7

1.6.7 夜景图

2.3 分析图

4 平面图

5 剖面图

1　餐厅内景

2.3　水主题展览

4　屋顶花园种植的绿植

万科馆
VANKE PAVILION

撰　　文	张皓
摄　　影	Hufton Crow
资料提供	Studio Libeskind

建筑师	丹尼尔·里勃斯金
展陈设计	Ralph Appelbaum Associates
平面设计	韩家英
结构工程师	Ramboll UK Ltd + S.P.S. Srl
幕墙工程	Bodino Engineering Srl / Nerobutto Snc (backstructure) / Casalgrande Padana (metalized porcelain tiles)
建筑面积	1 210m²

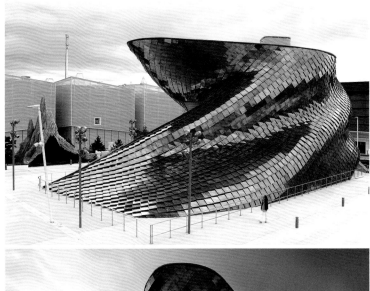

米兰世博会是中国地产企业万科参展的第二届世博会，也是世博会历史上第一家中国企业海外自建馆。这和万科集团注重全球化布局的发展战略是息息相关的。作为本次世博会中国展区的三个展馆之一（另外两个是中国馆和企业联合馆），万科馆以"中国人的食堂"为主题，从生活和服务的角度阐述了以"食堂"为媒介探寻城市生活和社区关系的一种尝试，同时也是对以诠释中国传统农业、饮食及自然关系为主的中国馆的一个横向补充。

万科馆的主设计师是以德国犹太博物馆而闻名于世的丹尼尔·里勃斯金，设计团队以里勃斯金在纽约和米兰的事务所为主。展馆坐落于世博园区的 Arena 湖旁边，占地约 1000m²。在整体形态的设计方面，设计师结合了中国山水画中的线条和传统的梯田形态，意图塑造一个动态的垂直景观，同时通过建筑形体的扭曲和变化与周边的自然环境相呼应和协调，形成了内外空间的交互和流动。宽大的阶梯从地面开始，竖向切割了完整的红色曲面，引导着游客到达展馆的内部，不管从哪个入口进入展馆，最后都会来到可以看到迷人的湖景和整个世博园区的屋顶观景平台，然后沿着一条较窄的楼梯，顺着建筑形态的变化蜿蜒而下。

展馆的主体结构使用了钢材料，以便于在世博会结束之后的回收和利用。建筑表面则外挂 4000 块由里勃斯金与意大利 Casalgrande Padana 公司合作设计的红色陶瓷面板。面板的安装使用了全球最先进的覆盖支撑系统，使其排列呈现一定的韵律感和模式，当视角和光线不同的时候，面板表面也发生着变化，时而呈现深红色，时而金光闪闪，在特定的时刻和角度，又会变成耀眼的白色，远处看来犹如一条栩栩如生的"盘龙"。同时这些陶瓷面板也具有自洁净和净化空气的功能。

双层高的展览空间中是一个由 500 根竹子和 200 块屏幕组成的"媒体森林"。500 根竹子组成的竹阵位于几片水池之上，在空中又相互穿插，同时与水中的倒影相映成趣。当游客穿行于"媒体森林"中的时候，会观看到长约十分钟的视频，这些视频以关注普通市民的生活与食堂以及食物之间的关系为主，把市民对食物的"制造"和"消费"直白地呈现在屏幕上。由于竹子的密集布置和屏幕的立体围绕，游客每向前一步或者回一下头，空间的感觉和视频内容都会出现变化，貌似混乱却又内含秩序，空间看似破碎无序但其实层次分明，混乱与平静之间的暧昧使得整个空间十分迷人。

随着城市化进程的加快，人们更多地选择在城市中生活，不管其过程是被动的或者是主动的，但同时可以看到的是紧密的家族式社会关系正在瓦解。万科馆希望用"食堂"这一概念在寓意和实体两个层面来回应当代生活中与米兰世博会主题相关的一些问题，这也与万科集团对自己的新定位——城市配套服务商有关。并且，万科馆通过一个迷人的展览空间提醒人们应该更加感性地去认识"食堂"和"食物"在创建人与人之间的联系和共建社区方面的作用，而不是用非常理性的方法去进行分析。食堂体现了一种东方的哲学，也是万科在社区层面的一种努力和实践。■

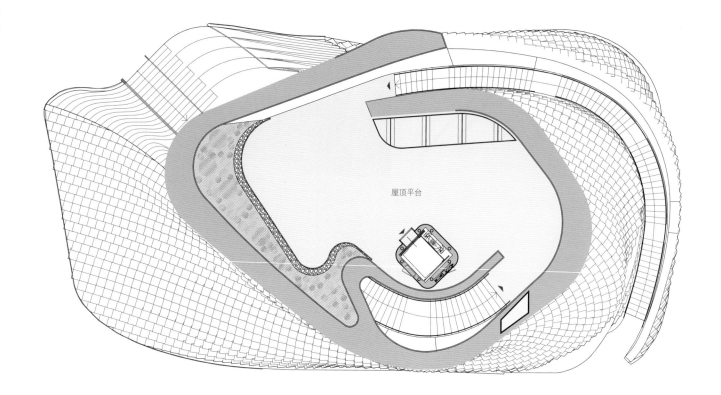

屋顶平台

1	4
2 3	

1　平面图

2.3　室内互动装置

4　由天台进入室内

实践如何进入学院

上海交通大学建筑学系 "先锋建筑师设计工作室" 回顾与反思

撰　文 ｜ 范文兵（上海交通大学建筑学系副系主任、"先锋建筑师设计工作室"主持人）

一、国内外发展历史与现状

将实践建筑师引入学院教授设计，在西方建筑教育史上由来已久。

当代建筑学学院式教育的鼻祖，19世纪巴黎美术学院"鲍扎（Beaux-Arts）"时期，就设有"学院（Academy）"与"图房（Atelier）"两套并行的训练制度："学院"主要提供学术环境，由专门的学者教授学生理论；"图房（建筑师自己的工作室）"主要提供实践环境，由实践建筑师训练学生做设计。一个图房一般会有50～100名学生，大家聚在一起接受训练，实践建筑师每周亲自给学生改两小时的图做指导，其余时间新生可以向老生咨询①。

到了1919年，格罗庇乌斯在一所美术学院和一所工艺美术学校合并的基础上，创建了现代建筑思想的主要源头与现代建筑运动的重要推动者"国立包豪斯学校"（Staatliches Bauhaus）。他在《包豪斯宣言》中表示，"艺术家与工匠之间并没有什么本质上的不同"，美术与工艺并不是两种不同的活动，而是同一活动的两个方面。他聘请了当时欧洲一批先锋派画家（艺术家）为"形式大师"，一批传统手工艺匠人为"作坊大师"。作坊大师"教学生们学会手工技巧和技术知识，而画家们则应该同时激励学生们开动思想，鼓励他们开发创造力。"②

这样的"双轨并行思路与制度"延续到今天的欧美建筑学教育系统，其结果就是，一部分设计工作室教学（即国内常说的设计课教学），由学院长聘设计教师担任（长聘教师也大多有自己的事务所），还有相当一部分设计工作室，则是通过访问教授（Visiting Professor）等制度，聘请实践建筑师来做指导。

起步于1920年代，由海外归国留学生创办起来的中国现代建筑院校，开始阶段也有相当多的实践建筑师在学院内兼职。随着1950年代私营和公私合营公司的消失，国家统一管理、统一大纲的学院体制日益完备，建筑教师逐渐退出实践领域，成为学院内专职教师。虽然后来很多建筑院校成立了附属设计院，但在1990年代以后，随着体制改革相继进入自负盈亏的市场后，"教学与生产相结合"的初衷基本丧失，绝大部分高校设计院演变成与社会上商业设计院一样的生产型单位③。因此，目前国内高校承担设计课教学的，基本都是学院内专职教师。近年来，专职教师拥有自己的事务所现象，也开始普遍起来。

实践建筑师对国内学院教育的影响，主要体现在当前专业评估教学大纲要求的实习环节。该环节一般在本科五年级进行，属于职业训练，主要是学生去设计院／事务所实习，学习行业规范、施工图画法等，与学术意义上的设计教育还是有本质差别的。

近十余年来，随着国内高校普遍向纯科研体制倾斜，一刀切强调科研项目、索引文章与高学位，建筑学作为一门以实践为导向的专业因而处于非常尴尬的地位④。每个建筑学人都清楚知道，建筑设计同任何一个通过实践获得基本能力的专业一样，都有"师徒传授"特性，都有"实践性身体训练"成分，所以，高学历、多科研项目、高索引与高设计技能、高教学技能并无直接因果关系。由于当前高校教师需要承担越来越高的科研及学位要求，与设计实践日趋隔膜，导致当下国内高校建筑教育中出现一个突出矛盾——学历越来越高、文章越来越多，但设计技能、教学技能不一定高，甚至可能基本水平都不到位的学院内教师，难以有效、高质地在设计教学中传授设计技能给学生。

与此同时，进入消费社会的中国，建筑日益进入到文化、艺术、创意领域而被人关注，学院外一批先锋（明星）建筑师借助设计行业市场化、国际化的机遇，"主动构建自己作为创作主体或文化品牌身份"⑤，其观念与作品，比起学院内大部分专职教师更具有学术探索性，在青年建筑师与学生中影响力也更大。

二、交大"先锋建筑师设计工作室"回顾

通过对国内外建筑学专业教育历史与现实的分析,为弥补高校科研体制导向的缺陷,尊重建筑学学科发展规律,上海交通大学船舶海洋与建筑工程学院建筑学系借助地缘及学校平台优势,主动尝试引入先锋(明星)建筑师指导设计课,探索学院内、外资源的优势互补。

2011年春季学期,领先于国内绝大多数高校,建筑学系开设了"先锋建筑师设计工作室",聘请五位优秀建筑师做本科设计课导师(三年级3位,四年级2位),进行了为期8周的第一次实验,学生涉及本科三、四年级各一半学生(2008级18名,2007级15名)。因故暂停两年之后,于2014、2015年春季学期,吸取第一期经验教训,在船建学院专项经费的支持下,面向三、四年级全体学生,开设了第二、第三期"先锋建筑师设计工作室(Workshop)"。每位实践建筑师导师根据学系提供的教学大纲,自行设置具体课题,授课、辅导、讨论分别在学校课堂与导师事务所进行。

前后三期"先锋建筑师设计工作室",一共邀请了17位实践建筑师做导师。他们中既有在国际、国内建筑界具有知名度的独立明星建筑师,也有在国际、国内一流设计机构担任主创的首席建筑师,还有一批崭露头角的青年才俊。他们是(以姓氏拼音为序):集合设计创始人卜冰、大舍建筑设计事务所主持建筑师/创始合伙人陈屹峰、无样建筑工作室主持建筑师冯路、上海HMA建筑设计事务所主持建筑师广川成一、苏州设计研究院设计总监韩宝山、瑞士Playze建筑师事务所主持建筑师/合伙人何孟佳、刘宇扬建筑事务所主持建筑师刘宇扬、英国Gensler建筑师事务所亚洲区技术总监彭武、尺墨设计联合创始人/主持建筑师石溪、上海加十国际设计机构与美国滕恩设计研究中心创始合伙人/设计总监王飞、0筑设计创始人王卓尔、及物建筑主创建筑师吴洪德、英国阿特金斯设计董事许桦、上海现代建筑设计集团现代都市建筑设计院副总建筑师俞挺、美国Aecom中国区高级执行董事/上海总经理郑可、上海高目建筑设计咨询有限公司总建筑师张佳晶、一栋建筑创始人张朔炯。

三、交大"先锋建筑师设计工作室"的学术思考与具体策略

在交大设立"先锋建筑师设计工作室",除了试图在一定程度上纠正当下高校科研体制导向对建筑学学科发展的误导及在建筑教育上的缺失,除了要具体解决体制配合、人员安排、时间、经费等问题外,我们还有一个更为重要的基础性学术思考作为统领前提——即将建筑教育、设计实践、学术研究三者进行互动,探索实践性与学术性之间的关系,挖掘建筑教育的学术生产力。希望借此生产出对学科发展有价值

的新知,并有助于交大建筑学学科特色的形成。

目前国内在结合学院教育、学术研究与专业实践关系上,大致有两种解决方案。

(1)"(过分)学术化"——学术思考完善、自成体系,并将结果贯彻到教学中。其好处是将传统上依赖"悟"的模糊训练过程,依照学理逻辑,拆解成清晰可辨、目标明确的学习步骤。带来的问题则是,由于一些学术思考缺乏"身体性练习与感

知"做基础,与设计行为的关系总是"隔"了一层,设计的灵活性、学生的主体能动性,被"逻辑与体系"束缚,设计学习变成了某个特定学术观点的证明,而非理论上所预期的,学术提供给设计更广阔的可能性。

(2)"(过分)工程化"——设计教师兼做工程(这一中国特色与其说是教师对学术体制的主动修正,不如说是当下中国高校教师的生存自救),并将自身实践经验引入教学。其好处是打开了学校与社会接

触的窗口。但由于绝大部分教师的工程实践较为零散，缺乏明确目标引导下的积累与有效反思，离高品质有着相当距离。因此，看上去是在依照"工程规范"教学，但与实践相比，往往肤浅而僵硬，既没有达到设计实践要求的技术高品质，也失去了学术思考应有的反思深度。

我们期望在交大"先锋建筑师设计工作室"中，避免（过分）学术化与（过分）工程化，寻找一种实践（反思）性与学术（实验）性之间的互动平衡。

我们理解的"实践（反思）性"，不仅仅是通常所谓让从业建筑师教授"城市与建筑规范、建造的可实施性、技术支撑⋯⋯"，更是希望从一个"真实"的从业环境、"真实"的建造环境出发，寻找"有价值、有深度"的现实问题，在学生畅想探索与建筑师反思控制之中，寻找"真实有效、合情合理又出人意料"的对应策略。

我们理解的"学术（实验）性"，不仅仅是通常所谓"纸上建筑、疯狂形态炫建筑⋯⋯"，更是要将设计教学作为一项"探索性的学术研究"，在"真实"的前提下，探索"可能的"、"原创的"、"创新的"分析方法、解决模式与建筑形态。如此一来，设计教学就不仅仅是一个教"生手"变"熟手"的单向输出过程，它更像是一个"研究、实验过程"，设计教学才有可能成为设计领域的引领者而不是专业现实的狼狈不堪的追随者[6]。

在这样的观念下，实践建筑师不仅会将实践体会带入教学，也会在工作室的教与学中，进行探索与研究，达到职业教育与学术研究的共赢。

在前述学术思考的基础上，我们在工作室中主要贯彻了如下策略：

第一，工作室类型选择：建立一种"研究型"设计教育[7]。

在运行机制上，我们尽量与现行教学机制接轨，将每个设计工作室周期定为8周。在具体展开方式上，我们努力吸取国际先进经验，将其发展成为一种不同于传统的"功能类型教学"，而是在建筑教育与设计实践、学科研究三者互动基础上的"研究型设计教学"。

"功能类型教学"——是指发轫于巴黎美术学院"鲍扎"传统，由第一代中国建筑学人带入国内，再在1949年后，经由苏联式标准化高教体制，以及实用主义等因素转化后影响全国的教学模式。这种教学模式强调对功能类型的熟悉，设计技巧的训练与积累，更关注最终结果。

"研究型设计教学"——是指将建筑设计视为一个解决问题而非仅仅满足功能的过程，训练学生以"发现、分析、解决问题"的"研究型思维方式"做设计，借此寻求理性创新。这种教学模式更关注如何控制教与学的过程，有依据、循逻辑、控步骤地推敲设计问题。

我们期望将"先锋建筑师设计工作室"，逐渐发展成为一项围绕"专业基本议题"（如空间、功能、建造、基地、概念、城市等⋯⋯），基于建筑师特长以及学术与实践热点，提取"专业研究课题"（如结构/材料/建造与空间形态互动、旧建筑保护与改造、城市更新、新农村建设、参数化设计等⋯⋯）进行深入研讨的专题型设计教学，不断产生出前沿的学术成果。

第二，导师类型选择：兼具实践性与学术性、具备专业反思能力的"研究型"建筑师。

一般来说，当下实践建筑师大致分为"研究型建筑师"与"生产型建筑师"两类，他们的设计呈现出"作品"与"产品"两种状态。所谓"作品"，主要是指设计具有不断突破专业边界的特质，个人特色比较鲜明；所谓"产品"，是指设计在比较成熟的"行业系统、路数"里展开，集体特征大于个人特点[8]。

在交大"先锋建筑师设计工作室"过程中，我们从交大建筑学特点（规模小、没有历史负担、学生素质优、学校平台高），以及我们希望培养的人才目标（在具备工程缜密思考的同时，也要具备反思与突破的素质）出发，主要聘请的是兼具实践性与学术性、具备专业反思能力的"研究型"建筑师。当然，即使都是研究型导师，在学术/实践、城市/建筑学、艺术家/学者等多重专业倾向中也是多样化的。

第三，研究课题选择：围绕专业基本议题发挥实践建筑师所长。

这其中有一个发挥建筑师自由度与学院教育总体控制的平衡问题——既不能完全放手，貌似百花齐放，但其实失去了明确方向，学生（特别是低年级学生）会产生很多迷惑；也不能完全按照教学大纲，把实践建筑师变成学院设计教师进而失去其特长。我们向建筑师们提出了一个专业基本议题方向，以及规模、深度建议，具

体课题完全放手由建筑师们发挥。

三年级工作室按照教学大纲，关注的专业基本议题是设计概念，方向是"从概念到物化"，强调借助研究做设计。我们特别聘请了专注建筑本体的建筑师，期望训练学生提炼设计概念，并物化为实体的方法与能力。导师们带来既丰富又方向明晰的课题：有从场所氛围（的塑造中寻找概念，有从与不同社会人群活动方式对应的空间组织模式中寻找概念，有从借助算法对某种功能的原型进行思辨性解析入手寻找概念，有从在已有建筑中插入新空间的策略层面寻找概念，有从地域气候影响下的建造层面寻找概念……

四年级工作室按照教学大纲，关注的专业基本议题是城市，方向是"城市研究与城市设计"，强调借助设计做研究。我们聘请了擅长城市领域的建筑师，希望训练学生对城市的理解与研究。导师们将一系列专业前沿课题带入教学：有关注城市可持续性背景下交通问题的，有关注基础设施复兴的，有关注农村与都市关系的，有关注城市更新的……

第四，专业价值观的培养。

在和建筑师们讨论教案过程中，有建筑师问我：我们需要教导一种专业价值观吗？对此，大家看法并不完全一致。但有趣的是，三期工作室下来据我观察，除了在学术、专业上的高水平要求外，各位建筑师其实普遍呈现了大致接近的专业价值观取向，那就是关注复杂、真实、生动的普通人的生活，以及多层次（物理的、历史的、生态的、精神的……）环境对人的真实影响，进而寻找建筑的或都市的兼具"（专业）学术性"与"（社会）伦理性"解决之道。

具体表现如下：（1）通过研究做设计；（2）用发现、分析、解决问题的思路做设计；（3）直面现实束缚，但不是简单顺从而是创造性地运用束缚做设计；（4）结合不同学科思考，尤其是城乡规划学、社会学、人类学、经济学、当代艺术，在拓展视野的同时，尽力发挥专业本体所长地做设计；（5）基于对具体人、具体事、具体区域的细致理解，精确、平等而人文地做设计。END

本项目为上海市高校本科重点教学改革项目（2013 — 2014）。感谢上海交通大学未来建筑师协会及会长周铭迪的大力协助。

注释：
① 相关历史，转引自：丁沃沃. 回归建筑本源：反思中国的建筑教育 [A]// 朱剑飞 主编. 中国建筑60年（1949 — 2009）：历史与理论研究 [C]. 北京：中国建筑工业出版社，2009：228-230.
② 弗兰克·惠特福德. 包豪斯 [M]. 林鹤译. 北京：生活·读书·新知三联书店，2001：45.
③ 薛求理. 中国特色的建筑设计院 [J]. 时代建筑. 2004（1）：28-29.
④ 范文兵. 建筑学在当今高校科研体制中的困境与解决方法——从建筑教育角度进行的思考与探索 [J]. 建筑学报. 2015（8）：99-105.
⑤ 华霞虹. 明星建筑师的符号消费 [J]. 建筑师. 2010（6）：122-129.
⑥ 大卫·鲍特（David Porter)1996年在《黑板上遗存的草图—设计教学作为设计研究》（The Last Drawing on the Famous Blackboard-Relating Studio Teaching to Design Research）一文中对与研究互动的设计工作室特点作了归纳：（1）、超越单纯的解决个别设计问题；（2）、关注建筑设计的基本问题；（3）、发展出相应的设计方法；（4）、具有发表的成果. 转引自：顾大庆. 作为研究的设计教学及其对中国建筑教育发展的意义 [J]. 时代建筑. 2007（3）：15.
⑦ 范文兵. 探索研究型建筑教育模式——上海交通大学建筑教育特色初探 [J]. 城市建筑. 2015(6)：132.
⑧ "研究型建筑师" / "生产型建筑师"与当下常说的"明星建筑师" / "商业建筑师"之间，有重合，但并不是必然的一一对应关系。前两者分类标准偏重设计本质，后两者分类标准偏重设计类型、风格及媒体曝光率。每种类型其实并无天然高低，都可以总结出对专业有意义的东西。但在每个类型内部，还是有高下差异的。如优秀的明星（独立）建筑师，应该是"研究性、独立特"大于"明星特"，他应该不断探索、拓展专业及自身的界限，而不只是专注于话语权的获取。参见：范文兵. 在思考与实践中一步步演进——范文兵访谈柳亦春 [A].《室内设计师》编委会会. 室内设计师（47期）[C]. 北京：中国建筑工业出版社，2014.5：53.

图1 第二期三年级期终评图现场。
　　时间：2014年4月21日
　　地点：上海交大建筑学系馆
图2 第二期三年级作业展
　　时间：2014年5月4日—2015年5月20日
　　地点：上海交大建筑学系馆
图3 第三期三、四年级作业联展
　　时间：2015年5月7日—2015年5月21日
　　地点：上海交通大学（闵行）新图书馆
图4 第三期工作室三年级期终评图广告
图5 第三期工作室四年级期终评图广告
图6 第二期三年级作业
　　时间：2014年春季学期
　　6—1，社区理想图书馆设计，指导：陈屹峰
　　6—2，当代口口艺术馆——算法设计(Algorithm Design)，
　　指导：张朔炯
图7 第三期四年级作业
　　时间：2015年春季学期
　　7—1，骑行Cycling，指导：王卓尔
　　7—2，南外滩董家渡城市综合体城市设计，
　　指导：郑可、许桦、韩宝山

张佳晶

上海高目建筑设计咨询有限公司总建筑师
上海交通大学建筑学系"先锋建筑师设计工作室"
特邀导师

针对现实问题的建筑学训练

从 2005 年开始，我就不间断地在上海交大建筑学系指导设计课、评图。2014 年春季学期，交人再次邀请我指导第二期先锋建筑师工作室，此时恰逢我的一些关于城市的思考到了一定阶段，也深深地觉得学院的建筑学训练往往是作茧自缚、画地为牢，这引发出我的命题和教学内容：让本科三年级同学，在城市中心区找一块亟待更新的地块，任务书和建筑设计可以在指定的范围内自由选择。

以同济为例，建筑系和规划系在二年级之后就渐行渐远，规划专业直奔宏大高远而去，建筑专业则根据老师对专业的喜好而分为欧洲派、日本派、美国派，当然前两个派更适合当下教学。

但是，建筑怎么可能脱离于当下的城市和社会而存在呢？所以，以国外的建筑学体系灌入不太多社会实践的建筑系老师脑子之后，再思考教学问题有时候会偏颇。

所以，我希望通过对社会对城市的具体关注，在复杂的边界条件中找到一些现实的办法，从而反映到建筑设计中来——如果一定要建立学术体系，那么也是基于这个土壤生长出来的体系，国外的思想只是肥料。

所以，我指定了本次课程设计的主要教学目的：

第 1，了解建筑之于城市的意义以及城市之于建筑的意义；

第 2，了解前期策划和建筑设计之间的关系；

第 3，训练场所营造能力及形成人文关怀之三观；

第 4，掌握不同功能空间之间的组合方法；培养借助模型及电脑推敲方案的设计能力。

第 5，培养对任务书和上位规划及规范的反思及修正能力。

在上海市的中心区，尤其是风貌保护区内，有很多历史遗留的地块，都存在着需要更新使用的要求。而这些需要更新的地块跟周边的人群、交通、历史、风貌都有着千丝万缕的关系。"城市更新"或"新陈代谢"需要挖掘建筑在城市中的作用，而这个核心问题是"人"。

基地位于上海曹家堰路的网球场地块，是体育局的一个对外运营的网球场，位置处于风貌保护区和非风貌保护区之间的那根"红线"上。北侧为高档高层住宅区，南侧及周边为优秀历史建筑群。随着城市化的发展及土地的稀缺，三片网球场全部落地的现状已经是个奢侈的行为，本案要求在"保留与否"的研究前提下产生自己的建筑设计。而"保留"和"拆除"都必须按照任务要求的最底线进行设计（容积率、功能比例、限高、风貌）。

在任务设定上，不保留网球场、保留一片网球场和保留两片网球场，都有其对应的任务要求，即：保留的越少，谁的难度越大内容越复杂，反之亦然。

而最后学生们的设计，确实都包含了这三种结果，也毫无疑问地出现了意想不到的可能，相比我们公司自己针对这个地块的研究结果，学生们多了些稚嫩青涩，但设计跟生理发育一样，不求早熟，健康放松地过完这个过程就是该有学校和老师的陪伴。 END

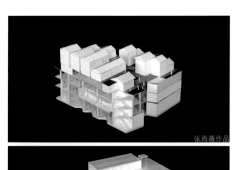
张雨薇作品

张晶晶作品

付伟杰作品

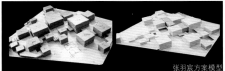

张羽宸方案模型

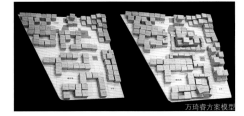

万琦睿方案模型

就个人而言，我一直把设计教学视作专业实践中很重要的一部分；从1990年代中在哈佛设计学院就学时期为研究生基础设计课（Core Studio）担任助教开始，旅港6年期间在香港中文大学的专任教学与研究工作，2007年移居上海之后的香港大学上海中心、美国南加州大学亚洲城市组、上海交通大学先锋建筑师工作室及今夏刚结束的同济大学建筑热力学暑期国际工作营等各类型的教学活动中，长期的设计教学经历提供了我作为实践建筑师持续不断的机会去构思、尝试与检测所谓的"设计方法"。实际上，我至今不能确认设计是否真的有"方法"，但我一直坚信，教设计是要讲方法的。换句话说，在谈设计方法之前，我认为更需要探讨的是"教设计的方法"。

关于设计教学与实践的讨论，这里涉及到两个层面：首先，学校的设计课与事务所的实践相比较，老师们面对的是专业经验相对不足、但时间与关注度相对稳定的群体，而专业项目常会遇到的许多外部条件如市场、预算、或业主主观因素，在设计课程中相对容易被排除。设计课就如实验室一样，是一个消过毒的环境，比较容易用纯粹的设计方法去发展出纯粹的设计原型；而也正如真实生活，从纯净的实验室培育出来的物种由于抗体不足，在面对真实环境时往往容易水土不服，迅速阵亡，而从专业实践者的视角看学生作业，也经常会感觉到学生设计的苍白和无力。

设计教学与实践的第二个层面，也是我一直比较感兴趣的，就是如何将专业实践中所面临的真实项目，有效转化为设计课的题目。这绝不是简单地把业主的任务书交给学生作为设计作业，而需要从实践项目反映出的现实情景出发，提炼出当下建筑与城市所面临的真实挑战和社会需求，并安排出能够让学生有效入手的课程作业，通过足够的时间钻研和多样的提案比较，进而求出对实践有参照意义的设计成果。而最后这个环节，其实也是最能发挥学生优势的环节。如果同样按实验室的比喻，这更像是借由课程的设计来培育对真实项目的"病毒抗体"，让学生和专业者能在未来实践过程中具备足够的"设计抵抗力"，为社会提供"健康"的建筑设计。

我为2012年和2014年的交大工作室提出的课程作业，分别是上海嘉定新城的社区服务中心和浙江安吉的农村复兴。这两个设计任务都是我事务所当时正在开展的真实项目，除了对项目面临的设计挑战已有一定程度的研究基础，也是我认为在当下中国城市化进程中，建筑实践者必须面对的两大课题：新城快速建设之后的社区营造，和农村城镇化之后的空间改造。通过设计教学，我想传达给学生的信息是：新一代的建筑实践者不应满足于狭义的房地产消费市场所导向的思维方式，而需要真正深入理解当代城市与环境，并用微观而细致的眼光和出符合未来社会市场需求的建筑。回到实践的层面，设计教学会持续作为个人思考城市与探索建筑的重要途径。END

刘宇扬

刘宇扬建筑事务所主持建筑师
上海交通大学建筑学系"先锋建筑师设计工作室"
特邀导师

关于设计教学与实践的一点体会

陈屹峰

大舍建筑设计事务所主持建筑师/创始合伙人
上海交通大学建筑学系"先锋建筑师设计工作室"
特邀导师

上海交大先锋建筑师工作室感想

我在上海交通大学建筑学系指导过2014、2015两年的三年级先锋建筑师工作室。根据建筑学系的教学大纲，两次工作室课程的基本要求都是设计一个不超过5000m²的建筑单体，强调从概念到建筑方案物化的完整过程。

2015年工作室的课题在去年的基础上加了一个副标题，从《社区理想图书馆》变为《社区理想图书馆：一个 __ 的场所》。2014、2015两年的基地相同，基本任务一致，要求学生在位于上海凌云街道的特定基地内设计一个社区图书馆。在遵循教学大纲的前提下，希望同学们从阅读基地周边城市区域、调研附近现有同类建筑的使用状态、观察区域内市民生活状况入手，研究分析城市、建筑与人之间的相互关联，建立对都市建造物的理解，并以此作为切入点展开设计。2015年的副标题，是特别提醒学生要将他们的设计概念限定在"一个 __ 的场所"的范畴内，希望能引导学生从"场所"角度去认识和理解建筑，并尝试营造一个具有特定氛围的都市场所。

工作室的教学从课题解析开始，在老师介绍基地及周边状况，讲授相关场所理论与实践之后，同学们利用课后去现场作详细调研并收集当代中小型图书馆设计案例，然后在工作室内分享调研成果和案例研究。

课题的重点是设计概念的确立，大家围绕着以下两个问题展开讨论：对于当下的凌云社区，图书馆的作用和意义究竟是什么？图书馆应该是一个怎样的场所，对这个特定的社区来说才是理想的？同学们的设计概念必须建立在对这两个问题的回答之上，并落实到"一个 __ 的场所"。设计概念确立后，后续的工作是探索如何用恰当的建筑语言将其逐步物化为设计草案，这是本次课题最关键也最具挑战的环节。为了能使大家顺利完成物化，本阶段全程要求同学们借助工作模型进行设计思考与推敲，并以图解的方式来记录和整理设计思维。

设计草案一旦落实，后续的工作便是功能布局的优化和形式推敲，同时大家开始着手思考成果如何表达。工作室的最终成果以模型、图纸及图解三种方式共同呈现。

除去课题讲解、调研以及两次评图所需的成果制作时间，工作室真正用于设计和讨论的实际不到10次课。如何能让学生在如此短的时间内有所收获？我的想法是结合课题的设置与展开，尽量在过程中多和大家分享我对设计实践的思考与体会，而不是完全着眼于课程设计的最终成果。

我们的工作室强调完整的从概念逐步到方案的设计过程，是希望同学们了解到设计思维的重要性。而课题将学生的设计概念限定在"一个 __ 的场所"的范畴内，目的是引导大家思考"建筑是什么"。以上两块内容分别涉及到建筑学的方法与本体，它们没有标准答案，对本科学生来说可能还为时尚早，在有限的几周内也无法展开。但工作室如能由此为同学们今后建筑学的学习打开一两扇窗户，它也就找到自身的意义了。END

箐瑜作品

叶涟源作品

朱思宇作品

骑行 系统方案

终期评图展览

从阿姆斯特丹搬回上海前几个月，我始终处于一种莫名的焦躁状态。除了每晚10点后能感受到片刻的安宁，大部分的时候，整个城市听起来像一个大马达，嗡嗡地转着。

有朋友推荐我听心经，说小王你为什么焦躁，不是环境有问题，是你的内心出了问题。如果你心如明镜台，又何处能惹尘埃呢。

经过多年建筑学教育，资本主义洗礼，坚信人文关怀只能靠物质抚慰的我，对此表示无法理解。过往的生活经验告诉我，任何一个受过教育经济独立的市民，在一个城市觉得日子过得不舒坦，绝对是外部环境出了问题。关键是，在哪里？

我依旧保持着在阿城的生活状态。每日早七点起床，骑车十五分钟去公司，工作一整天，从公司骑回家。骑行总时间差不多，但一路上的体验，阿城和上海却大不一样。

在阿城骑车上下班是件省力的事，出门走5m，停车处取车，跨上车便能上路。由于机非分离，标识清晰（有自行车专用道路及交通灯），骑行者可做到心无旁骛，一路风驰电掣，最高时速达20km/h。在偏远些的区域，自行车道两侧则绿树参天，骑时就像是在森林里穿行。由于骑车方便，男女老少都骑车上下班。

在上海骑车则是另外个场景。下楼在一堆机动车中扒拉出小破车（破才不会被偷），和爷叔阿姨们互相簇拥着出了小区门（人机非不分离），好不容易上了路，骑着骑着一侧的机动车靠了过来（路边缺泊车位），生生堵死了骑车者的去路。为了能继续前行，骑车者不得不偏离既定路线，战战兢兢地进入机动车道。而紧随其后的机动车也绝不客气，一个大长音喇叭直按得你落荒而逃。

半年之后，在经历了种种艰难恶劣的出行体验后，我想明白了一个道理。同呼吸共命运的不止苍穹之下，还有地面之上。在一个低效率的不合理的系统下，任何一个个体：开车的、骑车的、走路的，都避无可避。而作为一个建筑师，在面对这么一个大命题时，任何一种传统的，地块式的方案都是无力的。比起碎片化的设计，我们更需要的，是宏观的可覆盖全城的愿景。

在这样的思考下，年初我开始与我的本科母校上海交大建筑学系合作，并基于个人城市研究及实践经验定下了这么个项目课题：骑行—cycling。我们以'最后一公里'为研究切入点，对上海现有9个中心城区进行实地骑行调研，在参考借鉴北欧现有自行车系统的前提下，从不同层面（规划，道路，设施）对上海自行车骑行系统进行梳理再设计。

这是我第一次在国内带城市设计课。与在荷接触到的成熟自律的建筑系学生不同（荷兰建筑学院奖惩机制严格，大部分学生有工作实践经验，擅长系统思维，自我组织及团队合作），国内二十岁出头的建筑系学生们普遍激情、有野心、但不成熟，无组织。面对平均年龄小我七岁的"90后"学生，在一个消费主义盛行、碎片信息遍布、娱乐至上的大环境下，如何引导他们脚踏实地地完成一个有理有据、系统的论证，帮助他们从不同阶层立场来探讨深层的社会问题，并且鼓励他们批判挑战既定社会规则，成为课程中最为困难的部分。好在经历了为期两个月的背景研究、实地调研、案例参考及方案修改后，系统雏形最终逐步呈现。

评图的那天是2015年4月24日，距我回国整半年。在爬上交大建筑学系系馆白楼五楼，推开专教门时，我看到了忙碌的建筑学子们及一片蓝色的城池。那一刻，万宇澄清，自在明朗。那一瞬间，我突然想到这么句话。

乌托邦，是你愿意留下并为之奋斗的地方。**END**

王卓尔

O筑设计创始人
上海交通大学建筑学系"先锋建筑师设计工作室"
特邀导师

骑行——Cycling

从概念到物化
From Concept To Object
——三年级终期评图
3rd Year Final Review

4.26 9:00

交大建筑馆

三年级作业

课题介绍

所谓概念（Concept），是指一种能够控制设计过程的想法，它的寻找，需要研究，用它实现控制，也需要研究，运用概念控制设计，就是一种通过理性做设计、借助研究做设计的过程。所谓物化（Materialization），强调的是一种借助建筑本体语汇（空间、基地、建构）对概念的实现，一个好的物化过程，能将概念从整体构思，一直贯彻到一个门把手的设计。

"概念（Concept）"是我们在交大建筑学教育中，除"形态（Form）"、"空间（Space）"、"建构（Tectonic）"、"基地（Site）"外，又一个需要学生着重掌握的基础议题（Issue）。在交大的设计教育系统设置中，"基础议题"是专业基石，它们共同奠定了一个清晰的专业价值观，决定了我们看待、解决专业问题的视角及方法倾向。我们用在"基础议题"中学到的观念、方法，去解决不同的专业问题（Problem）。学生要决定，在这些"基础议题"中，哪个是本次问题解决中最要着力关注的。当然，还需要一些针对性思考，比如，如何把"生态定量计算"，结合进该问题的解决。我们请来的五组导师（团队）指导，带来了更为丰富的提炼概念的角度与方法。有从场所氛围（Sence of Place）的塑造中寻找概念，有从与不同社会人群活动方式对应的空间组织（Spatial Pattern）模式中寻找概念，有从借助算法对某种功能的原型（Prototype）进行思辨性解析入手寻找概念，有从在已有建筑中插入新空间的策略（Stragety）层面寻找概念，有从地域气候影响下的建造（Tectonic）层面寻找概念。

陈屹峰组　理想图书馆

课题简介：根据上海交通大学建筑学系教学大纲，本阶段课程的基本要求是设计一个不超过5 000m²的建筑单体，强调从设计概念到建筑方案物化的完整过程。

我们组的课题是《社区理想图书馆：一个＿＿＿的场所》，要求：

1. 通过对基地周边城市区域进行阅读、对区域内现有同类公共建筑使用状态进行调研、对区域内市民生活状况进行观察，来研究分析城市、建筑与人之间的相互关联，建立对都市建造物的理解。

2. 学习从"场所"角度来认识和理解建筑，尝试用恰当的建筑语言营造一个具有特定氛围的场所，掌握借助模型推敲方案的工作方法。

顾子星"一个平衡的空间"

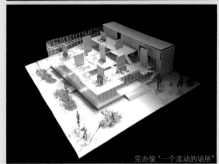
完亦俊"一个流动的场所"

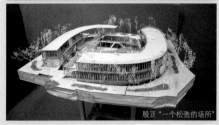
殷正"一个松弛的场所"

朱思宇"一个大树之下的场所"

何孟佳组　社区里的大学

课题简介：对于三年级的同学来说，大学已是一个再熟悉不过的场所了。但在这次课程教学中，恰恰希望学生能暂时忘记自己所熟悉的环境，而是从教与学的本源出发，重新发现过程，建立起新的组织方式，从而寻找到一个符合上海开放大学定位的理想形态。通过这种方式的训练，让学生不仅要掌握建筑学的基本认知和技巧，还要从使用人的角度出发，有意识地利用建筑设计的手段对关联性的社会问题进行回应，主动积极地去争取和创造对社会有价值的空间环境。因此，平面构成、建筑形象语言不是本课题所关注的重点，而是在充分挖掘场地空间、城市活动、环境成因和办学理念等相关信息的基础上，通过分析甄别，设定社区人群和大学人群将来的行为活动方式及其交流状态，并由一个合理可行的策略进行引导，有针对性地物化为一个可识别的空间环境。

陈思如作品

金梦怡作品

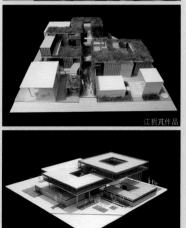
江哲芃作品

周润超作品

张朔炯组　新媒体中心

　　课题简介：媒体中心(mediatheque)一词和图书馆(bibliotheque)相对应，世界上出现的第一座新媒体中心就是伊东丰雄的仙台媒体中心，它"不单是只有书本的，图书馆与艺廊的复合体，还是要能够收藏、阅览、欣赏影像，音乐……等所有媒体的'媒体中心'"（矶崎新）。现为满足时代需要，补充原包图的功能不足，拟在上海交通大学包玉刚图书馆后方加建这样一座新媒体中心。

　　本次设计课题目有相当难度：8周时间内，学生一方面需对特定的场地和功能有所回应，另一方面更需要研究原型(prototype)和系统算法(algorithm)的内在逻辑，以此重新定义空间、形式和组织模式。从本质上，我更把愿意把它视作一个研究性(thesis)而非项目性(project)的设计课题。

倪晨昊作品

李嘉萌作品

陈昀臻作品

徐智峰作品

张榆源作品

吴洪德组　交流会堂改造

　　课题简介：本课题要求同学设计一个规模3 000m²的以以色列文化为背景的当代文化交流会堂，课题试图思考的，是在城市建筑更新中，"可能性"并非是一种任意的创造，而是根据现有条件的脉络自然展开的一种回归、打开、再释读，一场"酝酿已久但尚未开启的对话"。换言之，新的可能性，也许已经事先被无意识地写在现存环境中了。"可能性"并非对"文脉"的简单回应或摒弃，而是一种具体的、基于专业和现实的环境意识。我们要做的，就是谨慎、认真地去释读这些脉络，通过反复地动手画图做模型、现场体验和直觉判断，重新释放出适合新需求的可能性来。

钱卓瑾作品

马子哲作品

孙竹影作品

邓逍作品

石溪组　贺兰山酒庄设计

　　课题简介：近年来，宁夏回族自治区在有关专业人士的发掘后，被认定为中国最有潜力的葡萄酒产区，"宁夏贺兰山东麓"也被作为葡萄酒原产地进行了保护。酒庄的基地位于贺兰山东麓，一座占地215亩的葡萄种植园内。酒庄面积约在5 000m²左右，功能包含葡萄酒生产，游客参观接待，办公后勤等。

　　本次设计研究中，学生们在进行了酒庄范例分析和前期调研的基础上，根据自己对酒庄的定位与理解，产生不同的概念（Concept），与贯穿设计过程的策略（Strategy）。这个题目相对限制较少，但要求贯彻概念的一致性与设计多层次的完成度。在这里展示了部分方案，可以看到在宁夏葡萄酒庄这一个设计课题上，学生们展示出多样的概念与思考，包括地域特征，生态气候，叙事性等，并在自己的方向上都做出了精彩的探索。END

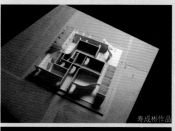

寿成彬作品

金池作品

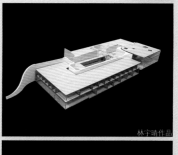

林宇晴作品

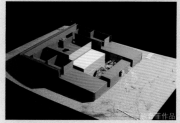

王菲作品

2015年上海交通大学建筑学系春季学期先锋建筑师指导设计课
SJTU 2015 SPRING SEMESTER EXCELLENT PRACTICING ARCHITECTS STUDIO

城市研究与城市设计
URBAN RESEARCH & URBAN DESIGN
——四年级终期评图
4TH YEAR FINAL REVIEW

时间：4月24日周五 10：30
地点：建筑馆（华联西北）四楼多媒体教室

四年级作业

课题介绍

"城市（Urban）"是我们交大建筑学教育中，除"形态"（Form）、"空间（Space）"、"建构（Tectonic）"、"基地（Site）"、"概念（Concept）"之外，又一个需要学生着重掌握的"基础课题（Issue）"。在交大的设计教育系统设置中，"基础课题"是专业基石，它们共同奠定了我们的"专业价值观"，决定了我们看待、解决专业问题的视角及方法倾向。我们用在"基础课题"中学到的观念、方法，去解决不同的"专业问题（Problem）"。

举例来说。在做一个生态建筑设计（Problem）时，交大学生就需要思考在"空间"上如何解决，"建构"上如何解决，"基地"上如何解决，"形态"上如何解决…如何找到一个"概念"来控制设计。学生要决定，在这些"基础课题"中，哪个是本次问题解决中最要着力的。当然，还需要一些针对性思考，比如，如何把"生态定量计算"，结合进该问题的解决。

邀请的导师各有不同的特色，但这些先锋导师们也有着非常接近的专业价值观，这也是我们希望他们在教学中传递给交大学子的，主要包括：1、通过研究做设计（Design by Research）；2、用发现问题、分析问题、解决问题的思路做设计；3、直面现实束缚，但不是简单顺从而是创造性地运用这些束缚做设计；4、结合不同学科思考，尤其是结合城乡规划学、社会学、人类学、经济学、当代艺术，在拓展视野的同时，尽力发挥专业本体所长地做设计；5、基于对具体人、具体事、具体区域的细致理解，精确、平等而人文地做设计。

郑可组　董家渡城市综合体

课题简介：南外滩位于外滩金融聚集带南部，而董家渡13、15地块处于核心部位，东侧对面为滨江商业景观带。本课题要求学生们提出规划中空间、交通、景观三大课题的解决方案，充分考虑与周边地块的协调关系，强调金融功能的主体个性，注重基地历史文化的传承与延续。

"城市密码"模型

"码头公园"模型

老师点评：这次的题目对四年级的同学来说难度比较大。同学们都非常认真专注，展现了很高的潜质。虽然前面走了一些弯路，但是他们以顽强的毅力和极大的热情很好地完成了作业。这是一次很好的协作+个人能力的训练。其中"城市密码"方案更加令人满意。相信这批同学在今后的学业中会取得更大的进步。

卜冰组　城市空间强化

课题简介：在城市用地紧张的背景下，城市近郊区大量的工业用地面临使用属性转换，所谓退二进三，以提供更多的新型产业就业与商业机会，这样的用地属性转换往往也伴随使用强度，容积率的提高。那么，城市集约化发展的优势是什么？如何提高土地的使用强度并且创造出适宜生活的城市空间？教育用地是否也可以混合功能并提高使用强度？公共空间与交通构架的营造将也将是设计的重点。

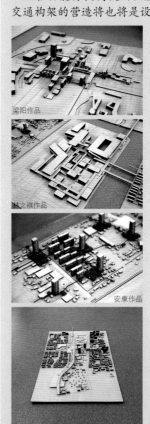

梁阳作品

洪之祺作品

安康作品

蒋一贤作品

吕峰作品

老师点评：同学们在这个课程中困难来自两方面，一是城市生活经验的缺乏，二是对空间和形式的不敏感。城市设计训练是为了培养同学在宏观尺度上把策略转化为形式的能力，需要去发现问题，寻找策略，最终落实于形式与空间。

冯路组 都会地铁之邦

课题简介：本课程教学的设计研究对象是Metro-Polis地铁之邦，即伴随地铁而生成的大都市空间系统。课程专注于城市空间分析方法和空间倍增策略的设计研究。前者将尝试和探讨基于建筑学专业的城市空间分析方法，与通常的功能技术型平面分析图表不同，这里更关注城市空间认知和空间形态，及其社会经济文化意义。空间倍增策略的设计研究包含两个问题：其一，在大都市的高密度开发条件下，如何能够在有限的土地上创造更多重的城市空间，并形成一种积极有生机的混合社区。其二，相比上海众多城市更新或新区建设的空间单一性，如何能够使同一个场所包含城市空间的多样性。

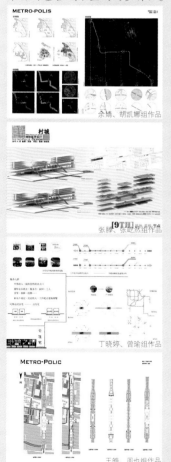

余婧、胡凯娜组作品

张滕、张屹然组作品

丁晓婷、曾瑜组作品

王皓、周也组作品

老师点评：同学们在课程中学习态度认真而积极，但是从概念到设计的转化过程中应该更多地主动做多选项的比较，而不是停留在思而不作的阶段。另外，作为高年级学生应该建立自我学习的能力，主动阅读文献、学习案例，以及体验和观察城市。

王卓尔组 骑行Cycling

课题简介：作为曾经的自行车王国，每个国人或多或少都对自行车有着个人记忆。它曾是1950年代的'三大件'，1970年代主要代步工具，然而在1990年代随城市发展的逐步退去。20年后，汽车为主导的城市设计弊病逐步体现，自行车以其低碳，环保，灵活性，亲民性又逐步进入大众视线。然而，不连续的自行车道，陈旧的设施，欠缺考虑的设计，使得这一出行方式显得尤为困难。我们以自行车道作为课程切入点，对城市系统进行探索了解，思考公共设施与建筑以及城市的关系。

作业模型

作业展示

文本展示

老师点评：非常高兴能与七位优秀的同学共同完成《cycling—骑行上海》，并且取得丰盛的成果。在过去的两个月中，每个人都进步明显，并体现出良好的团队合作精神及巨大的潜力。END

作业展览

薄曦：
做创意设计，
引人"尖叫"

撰　文	刘匪思
采　访	刘匪思、朱笑黎
资料提供	尖叫设计

ID =《室内设计师》

薄 = 薄曦

　　薄曦，1963 年出生于江苏扬州，上海联创建筑设计有限公司董事长，高级建筑师。1984 年毕业于南京工学院（现东南大学）建筑系。1987 年重回学校就读，1990 年建筑系硕士毕业。1996 年只身来到上海创业，创建如今享誉国内建筑界的"联创匡际"设计企业，开创了自己设计生涯的新阶段。

　　在上海的近 20 年间，薄曦为政府及全国十强开发商设计了众多建筑项目，其中，他领导设计的上海五道口金融大厦、上海万科白马公寓，上海龙湖滟澜山等，均在上海及全国优秀设计奖评选中获奖。

　　2015 年针对房产"挤泡沫、去产能"的现状，在建筑设计行业率先转型互联网创业，成立尖叫设计 WOWdsgn 网。在该网站上有这样一段话清楚解释了它的核心价值："尖叫"倡导的是一种生活方式，它期望给予平淡、浅览式的日常生活一种惊喜和意外的驻足；希望这个网站上所有呈现的设计作品都具有"尖叫"的特征，无论这种尖叫是视觉风格上的，抑或是以日常的方式解决独特的生活问题。

```
  I
  2
  3
```

1　保利会展中心
2-3　宝界山效果图

毕业与创业

ID　您是 1984 年从东南大学（原南京工学院）建筑系毕业的，然后 1986 年继续读研深造，当年考建筑系非常难，能否回顾一下，您当年报考建筑系的缘起吗？

薄　我们一届的同学，除了很少一些同学由于有家学的关系，很多人其实都不太清楚建筑系到底学的是什么。进建筑系读书，我的经历也很偶然。当年，我在扬州读高中，有位和我关系还不错的物理老师觉得我的毛笔字写得不错，于是建议我在高考志愿中填建筑系。直到我高中毕业 30 年后，有一次校友聚会，那位老师才和我说，他自己当年高考本想报考建筑系，但因为家庭出身的历史原因，没能考上，所以等他做了老师后希望在学生中能有实现自己理想的人。

我自己考上南京工学院建筑系的经历也蛮有趣的。当时我最想读的专业是南工热门专业无线电，建筑系其实是第二志愿。年轻时，我在高中读书，同时也是一个跳高和篮球的业余运动员。不过和现在的运动员不一样，是真正在课后业余训练的。进大学报名的第一天，在被分配到建筑系的名单里，我没找到自己的名字。原来，当时南工的每个学院都想抢有运动员背景的学生，运动员可以是优先录取，结果建筑系意外地把我抢

去了，但我名字却还没有在他们录取名单的正页中。

ID　当年读书的氛围一定很严谨，您在建筑系的四年有哪些经历？

薄　我是东南的第四届建筑系，当时，不少中国第一代建筑师都还健在，在学院走道上经常可以看见杨老（杨廷宝）和童老（童寯）。东南在中国的建筑界里属于资历最深的，另外还有高年级班带低年级班的传统。我读书的时候，系里派张永和来我班进行学习辅导。1978 届王建国和孟建民，1979 届的陈薇，1981 届的钱强、王澍和张雷，还有我的同班同学韩冬青，这些现在国内比较知名的建筑师和老师都是在一个时期前后年级的同学，有些在同个教室画过图。当年，我们这个班级一共是 63 个人。后来，他们中也有一些成为我今天的事业合伙人。

ID　1996 年初，你来上海创立联创。自此，从一名建筑师开始向企业家转型，这其中是有些机缘巧合？

薄　实际上我本科毕业后曾经在设计院里工作过 3 年，做建筑设计。那个时代国有设计院的氛围对我这样的年轻人来说是什么样的，可以想象。当时，我总觉得读研究生是唯一的出路。于是，做了 3 年"国有院的人"就去读研究生。毕业后，我在准备去澳洲读

书之前去过一次深圳。我在深圳的同学建议我不要出国。那时是 1993 年左右，深圳已经有一些个人开设的建筑设计公司。于是我待在了深圳。

我曾经说过，我很有幸，见证了中国社会发展中房地产企业的发展。在深圳，我工作的大楼，同楼层就有当时刚创立的万科设计部。有段时间，我还帮他们面试建筑师。那个时期的深圳，开放度与发展程度可以说远远超过当时全国的其他地方，包括上海。那时，我自己是个刚离开体制的年轻人，被单位除名，没有了铁饭碗，心中总是忐忑，但住进深圳酒店，周围住的都是来自全国各地的年轻人，他们与我一样因为种种原因，也有不少人被迫离开体制，大家同病相怜，互相慰藉。

ID 您的建筑科班出身，想必也是当时房地产公司的稀缺人才。为什么您选择了"见证"而不是加入这些房地产企业？

薄 我在深圳，去过当年号称求职圣地的53 层国贸大厦。当时的说法是，这栋楼从 4 到 50 层都是各类新兴的公司，从 4 楼走到顶楼就能找到工作。当我刚开始求职征途，在 4 楼一家房地产公司面试的经历，就影响了我一生不进房产公司的命运。当时面试我的是一位年轻气盛的工程部经理，看起来年

纪要小于我，似乎是土木专业毕业。其傲慢对我这个所谓名牌大学建筑学出身的研究生"伤害"极深，事实这里也多少有些我个人心态的不平衡因素，遇到土木系出身的面试者，可以想象得出沟通的状态。

ID 1996 年，您在上海创建联创国际。为什么选择来上海，当时又是出于怎样的考虑？

薄 在深圳待了几年时间之后，我和同学一起先在常州开了家设计公司。当时的业务做得不错，可做了一年半之后，我觉得应该去上海。我的合伙人觉得，好不容易在常州立足，设计任务也做得颇有起色，建议我找到上海的项目后再去那里开分公司。他说得也对，这样做比较稳妥。可是，我们公司在常州又怎么可能找到上海的项目。1996 年，我就一个人去了上海。那时，我在上海认识的三个人，都是我的同学。那也是我第二次来上海，之前大学二年级的时候来参观过外滩。我在扬州长大，南京读的书，一直习惯小城市的尺度感，习惯那种人与人之间都是熟人的人际关系。但来到上海，走在城市里，你发现身边所有人都不认识，人与人之间的关系比较淡，没有关联性。所以一直到今天，我都很能理解出自小城去北漂的年轻人。

不过到上海滩闯荡，我觉得还是来对

了。我在上海参加竞标的第二个项目就是万科城市花园二期，当时我们是两个人的公司，其他参与竞标包括华东院在内一共八家设计机构，结果是我们中标。这段经历让我坚信，设计企业的技术是第一位的。

ID 您曾在其他采访中提到联创有着比较特别的管理模式，能否具体介绍一下？

薄 我自己是建筑设计出身的管理者，所以比较能理解建筑设计师的状态。联创在设计圈的口碑，就是特别能容纳各种风格的建筑师。公司的人力资源部按照通常流程面试新建筑师，之后，我会要求他们把他们删选过

后的名单再拿给我看一下。有些孤僻或者貌似吊儿郎当的人，从标准人力资源角度看是不会被录取的，但对设计师来说，很多人在设计上有天赋，或许在性格上有些缺陷，但他的个性造就了他的设计特质。所以我特别在公司文化里强调"宽容"，因为不同特质的人提供了公司的多样化。

ID 联创从成立至今参与了很多大型项目，也有不少大型公共建筑，比如无锡艺术中心、昆山周市镇文体中心、宁波火车站等，对您而言，今天如何定位联创未来的发展？

薄 在中国，像联创这样的民营建筑公司的发展通常受到环境的制约。比如有一个阶段，中国大型公共建筑的投标，对于民营公司而言需要和外国设计公司联合投标。比如

无锡艺术中心的项目，就是与芬兰建筑师佩卡·萨米宁的事务所联合投标。从一年多前开始，我觉得现有的建筑市场正面临着转型。现在的联创，企业构架清晰，项目的规模也比较固定。需要有质的变化才能推动现有企业的变化。从去年开始，我也参与进互联网创业的群体中，最近我们正式推出的尖叫设计网是对于未来发展思考的结果。

转型思考与尖叫设计

ID 您在去年一个讨论会上提出"要把大公司做小"，这个观点是否也是"尖叫设计"诞生的源头？

薄 2014年初之前，我们可以感受到中国建筑业的白银时代。就在那一年年初的会议

1-3　江苏扬州九龙国际会议中心
4.5　UDg 联创国际办公室主楼中庭及东南视点夜景

```
1 2 | 4 5 6
    | 7
3   | 8 9
```

1-3 山东美术馆

4-6 万科蓝色会所

7-9 浙江宁波财政局办公大楼

上，一共有10家企业在上海开会讨论建筑公司未来的定位。9家公司在讨论是否准备上市，或是转型商业地产，或改做"城市建设的服务商"，或是往咨询和投资方面发展。我在那里唱了个反调，我说"我要把公司做小"，事实上包括以张瑞敏为首的海尔，也在做把大公司做小。用互联网公司的词汇说是"去中心化"。那时，建筑行业没有像现在这样发生明显变化。从去年开始，到今年这个情况比较明显了，明年建筑设计界变化或许还要更清楚更大一点，建筑行业肯定是在走下坡路。包括联创2015年招聘的建筑类应届生，也比往年减少很多人。

我认为的把公司"做小"，不是仅仅去做适应资本市场的"大单子"，是否可以做些有可持续业务的B2C（用户），而不是今天完全的B2B（机构）的业务模式。

ID 从您的职业生涯的几次转变来看，感觉您每次都能抓住一些市场变化的新气息，包括这次的尖叫设计？

薄 严格意义上，我不是对公司持续管理特别有兴趣的人。对于已稳定发展的公司，对我并没有挑战。在既定目标下，完善目标和执行方案，这也不是我的个性。比如我研究生毕业时，也曾考虑过做老师，我也很喜欢做老师。但做老师的生活对我似乎缺少挑战。我20多岁就能想象退休以后。开创企业，是从无到有，从零到一的过程，这个过程充满不确定性，这让人有想象空间。我把自己定义为创业人。现在从管理2000多人的联创开始重新启程，又开始尖叫这个全新的创业公司。可以说说这是我性格决定的。

另一方面，从建筑转向家居设计。我并没有走向其他方向，这也与我个人的兴趣爱好有关系。未来，在这个领域建筑师或许也能发挥更大的个性。

ID 联创与尖叫之间，您的未来定位是什么？

薄 我认为联创是属于建筑传统的产业，尖叫设计是互联网加传统业务的模式整合。我把尖叫视作大设计（包括建筑、室内、家居产品等）的孵化器，它是设计＋互联网的模式。在今天联创的办公所在地，除了尖叫设计这块互联网设计平台之外，也将成为各类创意设计的孵化器平台。比如我们和毛大庆优客工场及中国互联网创业第一平台36氪都有深度合作。前段时间我们和优客一起

在我们上海办公室（上海设计谷）举办了包括中美创意论坛的活动。

我们今天在联创开高层会，会议里几乎都是"60后"，少部分的"70后"都属于年轻高管。现在做互联网公司，会议室大部分都是"90后"，"80后"都是高管。这样的年龄格局，也造成了现在建筑类企业发展速度及转型特别慢。我看好未来这批年轻人，

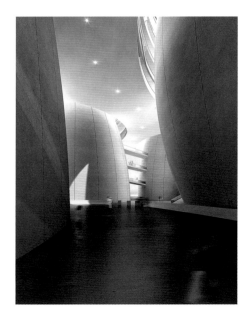

他们中不少有着国外留学经验，生活方式与价值观与我们这代都不一样。

ID 前不久您特地去北欧四国调研设计市场，这是否也是尖叫设计从视觉形象到产品定位都比较偏向北欧式简约风格的原因？

薄 我个人很喜欢北欧设计。做建筑行业的时候，就与北欧的设计公司一起合作。包括我的师弟方海，他就是联创诞生初期的合伙人之一，后来因为去芬兰读书才没有继续合作下去。我们是多年来的好朋友。很早以前，我就已经接触到北欧的设计产品，9 年前我第一次去北欧，芬兰设计师库卡波罗的工作室、阿尔托的建筑、室内与家具，还有当地人文与材料的关系等等，这些对我的影响很大。这一次，我特地看了很多他们的生产工厂，在这之前的一些观点又有所变化。

我过去认为，生产应该是中国制造、欧美设计。但最近半年接触到不少中国独立设计师，由于制造工艺的原因，他们做的很多"中国制造"设计品是做不出来真正精品的。在北欧，虽然他们也在用机械，但对待手工艺的态度不一样。工作坊里的年轻人都带着耳机，边听音乐边做手工。在那里，手

工艺变成一种乐趣。比如我放在办公室的这几把 Carl Hansen & Son 的椅子，他们要用生长 200 年以上的橡木，然后自然干燥 25 年，再拿来做椅子。再如丹麦 B&O，制作音响的百年企业，他们的设计师都是合作签约型的，以此来对应全球各种文化下的客户需求。而不是我们认为的大公司的设计师都是长期雇佣在公司内部工作。在丹麦有家当地最大的平面设计公司，四个合伙人原本都是学建筑出身，最近他们被一家印度的科技公司收购。他们的建筑、室内、家具和设计产品基本都是打通的。这些都给我提供了定位"尖叫设计"的思路。

ID 您说过，认为做建筑是主流，现在转向做产品，是否会有一些技术上的落差？

薄 前段时间联创新入职的员工来公司报到，在欢迎会上我问他们，谁能举出除无印良品与宜家之外三个知名家具品牌。现场没有一个人能回答出来。这就是今天中国建筑、家具、室内之间的隔阂。过去的市场情况，建筑只要做自己的领域就足够了，项目可以说是忙到来不及做。现在房地产去泡沫化与设计去产能化，我可以肯定未来 5 年，很多

建筑师会往产品或者室内领域转。这些领域的技术难点对于有着 5 年或者 7 年科班建筑出身的建筑师而言并不存在，无论是做家具、产品，甚至平面设计。在欧洲有许多产品是为了特定场景而做，并不是为设计而设计，我曾经在北欧见过各种椅子，包括为了博物馆的公共区休息座、剧院里的临时加座、以及可以摆在会议室里当雕塑的办公椅等。我现在设计的创客空间就拟与芬兰阿尔托大学的教授合作设计一套适用"科技宅"24 小时在办公室里工作、休息的日常用具。

ID 您将尖叫设计定义成一个设计平台，对于这个平台您有什么规划？

薄 尖叫网成立的时间不长，现在已经有很多城市设计周，一些国内大商业化平台和大传统产业企业联络我们。在这个平台上，我希望能够打通建筑与室内、产品、家具之间的行业壁垒。很多北欧的生产厂家自身就是品牌，比如阿尔托和 artek。通常设计师对设计师的理解也远比传统制造商更好，未来尖叫就提供这样的服务，把独立设计师和个性化品牌聚集起来，提供各种增值服务，包括提供制造商来帮你的产品开模。产品生产出来后，尖叫提供品牌推广与营销。强调平台上产品设计个性文化、它们的原创精神，聚集独立设计师和仿品进行不懈斗争，这是尖叫设计未来走向。

ID "80 后"或是"90 后"看您这一代建筑师，会觉得你们赶上了好时机，您觉得赶上了吗？

薄 我们这一代人遇到的是一个充满机遇的年代，可以说时势造英雄。大时代推动我们往前走。我们看"80 后"和"90 后"，他们所处的环境与竞争压力远超过我们这一代。但是不是好时机，需要放在个人所在的历史断面里去研究它。不过，我觉得倒是网络一代

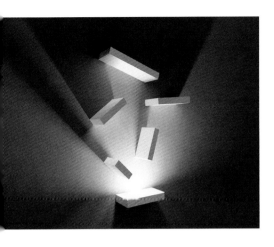

受到的"去中心化"和讲究平等理念的影响，反而做起设计来显得很自由。尖叫设计的客户定位就是为这群人，他们接受新事物的速度很快，而且对设计具有独特的审美和消费能力。

ID 作为学建筑出身、经历多次成功转型的前辈，对于年轻建筑师，您有什么建议？

薄 前不久和东南大学建筑学院韩冬青老师讨论，现在高校教育也受到外部市场的冲击，学校里也在说创业，也在建创客空间。那么未来建筑教育是否要适应这种市场需求

的变化？

我从业多年来的体会是，中国建筑教育一直是走的精英教育，教育模式也是按照培养建筑大师的路径在走，但事实上相当部分学生毕业后职业生涯和这种教育无关，那么针对这种大概率发生情况，现有建筑教育应该有些什么反思和调整？如果在传统教育课程中可否植入一些弹性的、面更宽的职业课程，让学生们有些更多元、较大跨度和社会发展关联性强的个性化大设计课程选择。**END**

1	2	5
3	4	
		6
		7 8

1 强调与众不同的日常设计师是尖叫设计的定位

2 "设计上海"展览中的现场陈列

3-8 尖叫设计代理的全世界创意家居品

梅斯纳尔山登山博物馆
MESSNER MOUNTAIN MUSEUM CORONES

撰　文	尹拔痛、朱笑黎
资料提供	扎哈·哈迪德建筑事务所

地　点	意大利南蒂罗尔
业　主	Skirama Kronplatz/Plan de Corones
建筑师	Zaha Hadid Architects (ZHA)
主持设计	Zaha Hadid, Patrik Schumacher
项目建筑师	Cornelius Schlotthauer
设计团队	Cornelius Schlotthauer, Peter Irmscher
执行团队	Peter Irmscher, Markus Planteu, Claudia Wulf
结构设计	IPM
机械设计与防火	Jud & Partner
机械设计	Studio Eby
照明设计	Zumtobel
种植屋顶面积	1 000m²
海　拔	2 275m

克罗帕拉斯峰（Kronplatz），这座意大利南蒂罗尔中心最负盛名的滑雪胜地，有着高出海平面2275m的雄伟山势。梅斯纳尔山登山博物馆物馆正嵌于其峰顶，并被阿尔卑斯山脉的齐勒河谷群峰、索尔达峰和多洛米蒂峰所环绕。作为著名登山者莱因霍尔德·梅斯纳尔（Reinhold Messner）发起的登山博物馆系列的第六弹和压轴之作，它在群山环簇中向人们诉说着登山这项挑战人类极限运动的传统和历史及登山者们在长期实践中总结出来的铁律。

自2003年，在克罗帕拉斯峰有组织地建立了第一座登山运动服务站，之后陆续在峰顶上安装了互动登山辅助设施，包括辅助纵向、水平向滑行的设施，后又建设了饭店、安置点和通往三个方向的缆车。这座登山博物馆建立后，对到此的游客可以实现全年接待，且将带领他们一起游历这个挑战人类极限的世界，而这也有助于克罗帕拉斯峰后续建造更多文化教育设施的建设。

再回到这座博物馆，为适应周围岩石碎片和冰碛四布的特殊地貌，该馆的建筑形态被赋予了鲜明的特征，就譬如从地面升起的现浇雨棚，其特殊的形状即是为了保护入口、观景窗和露台。为了反映周围多洛米蒂峰石灰岩的浅色调和锯齿状崖石，博物馆的外部嵌板特意采用了色调较淡的玻璃纤维增强混凝土，与内部颜色较深的嵌板相交叠，两者呼应，渐变的颜色与光泽暗指出这座山脉下贮藏的无烟煤矿藏。

同时，为减少落地面积，博物馆将1 000m²的面积分配到不同的水平标高，且建设过程中至少4 000m³的土石被开挖并回填至建筑上部和四周，由此建筑得以掩埋于峰顶，而这一举措有助于维持馆内温度的恒定。该馆的主题结构为现浇混凝土，承重墙厚度达40~50cm，为了承载上方的回填土方，其屋顶的结构更是达到了70cm厚。

对于这一项目，设计师扎哈·哈迪德如是阐述道，建筑的设想是先让参观者们体验如同在山体空穴和岩洞穿行的封闭空间，而在他们通过另一侧山墙后，视野豁然开朗，不觉间已置身于悬挑在山谷之上的露台，而后即可纵览台下令人叹为观止的全视野高山景观。而馆内一系列的台阶，就像是山溪中跌落的小瀑布一样，交叉连接着博物馆的展示空间，并规划出参观者在三个标高上的环

形动线。在最低的一层，参观者穿过观景窗就好像穿过冰川隧洞，之后上升到6m以上的观景露台，继而体会对阿尔卑斯山脉240°的环景视野。

项目发起者梅斯纳尔则这样阐述对这博物馆的印象："克罗帕拉斯峰有着南蒂罗尔边界上空360°全视野的图景：东起多洛米蒂峰，西至索尔达峰，南眺马尔莫拉达冰川，北览齐勒河谷。这座博物馆就像反射我童年所处世界的一面镜子——盖斯勒山峰顶，它是圣噪鹊山的中心扶壁，也是我的整个登山生涯中最难攀登的山脉；还有安培山谷，它生成于巨大的山体被冰山作用蚀刻。因此，我在克罗帕拉斯峰上展览整个现代登山运动的发展历程，以及运用器材辅助登山的250年发展史。在这里，我可以向世人讲述发生在这些世界最著名山峰上的胜利荣光和英雄悲歌——在马特洪峰，Cerro Torre峰，K2（乔戈里峰）；并且要借助节奏、意念、动作艺术这些概念和梅斯纳尔山登山博物馆的内部空间，在这一以外部群山的景象为背景的舞台上，向大家阐明登山究竟是怎么一回事。" END

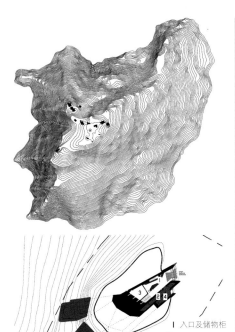

1 入口及储物柜
2 检票处
3 展区
4 逃生通道

1 | 2
  | 3 | 4
  | 5

1 博物馆远观

2 地形示意

3 平面示意

4 外观

5 观景露台

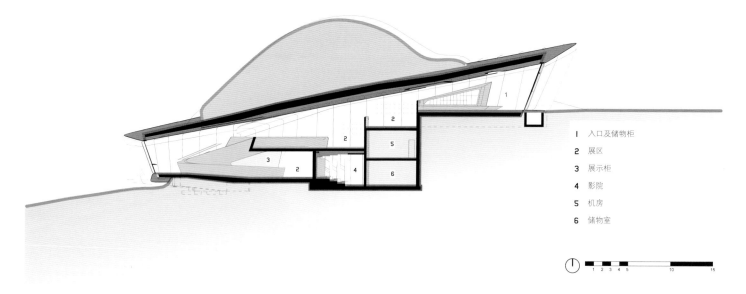

1 入口及储物柜

2 展区

3 展示柜

4 影院

5 机房

6 储物室

1	3	
2	4	5

1 剖面图

2 馆内细节

3 储物柜细节

4 立面细部

5 内部细节

1	立面柱
2	三层玻璃
3	隔热层
4	硬质耐压隔热层
5	隔热层
6	金属板
7	防虫网

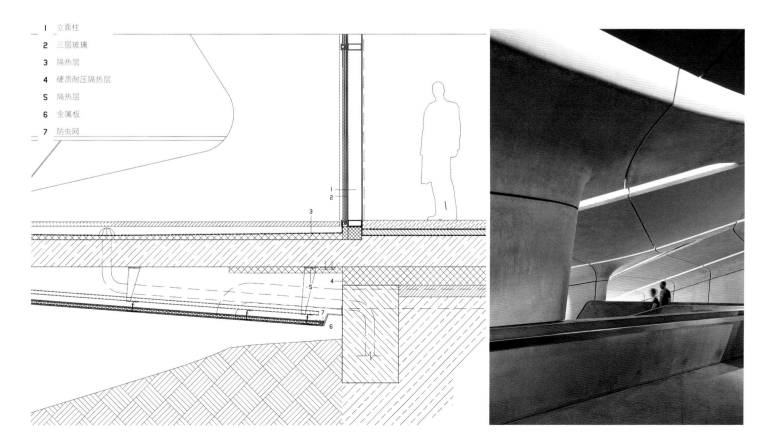

东艺大厦
DONGYI MANSION

撰　　文	Giant Communications
翻　　译	王欣
摄　　影	夏宇

地　　点	上海常熟路88号
设计公司	kokaistudiaios
建筑设计师	Andrea Destefanis , Filippo Gabbiani
室内设计师	王思昀 付炼中 孙文娟 施纪柯 金秀柱
设计经理	李伟
业　　主	宝矿集团
面　　积	1 958m²
竣工时间	2015年3月

1 鸟瞰图

2 建筑与周围的关系

3 建筑正面

Kokaistudios 近期完成了东艺大厦的建筑和室内设计。该大楼原建于 1980 年代，坐落于都市气息与历史韵味交融的上海市静安区常熟路，曾是一座 5 层的剧院，基地占地面积约为 2 000m²，现为宝矿集团旗下物业，委托 Kokaistudios 设计和改造。改造后功能定位为办公，以期满足日益增长的办公租赁市场。

在上海这样的大都会城市设计城市更新类项目是极具挑战的。Kokaistudios 扮演着平衡创新性和各利益相关者的角色。一方面我们充分尊重周边丰富而浓郁的人文环境，另一方面力求做到空间和景观和谐融入的同时为城市肌理注入新的活力。

Kokaistudios 通过对基地的重新梳理和对外立面的重新诠释和来最大化东艺大厦作为现代办公空间的潜力。为了创造更大的公共

空间，一层大幅度退界。架空的室外空间加强了建筑面向城市的开放度，将人流自然的引入建筑内部。它还分担了狭窄的人行道的压力，使出行更安全。顶层的双折四坡屋顶隐退在主体立面后面的层次里，尊重了地面视线。

建筑立面采用现代简约的语言来重构建筑在城市中的形象。建筑外立面以"石"为主题，考虑到原有结构的承重，在材料的选取上力求轻盈与质感兼具。玻璃纤维增强水泥面板散发出厚重感和持久感呼应了历史和周边环境，且不会对承重造成负担。对比玻璃纤维增强水泥，铝板和金属框架窗户的轻薄和冷峻带来了清新现代的气息。稳重与轻盈比例为 50：50，给阳光带来控制和变化。东艺大厦的外立面还起到了包裹和隐藏不同层高的作用。

东艺大厦 DONGYI MANSION

走入建筑物的内部，来访者可立即感受到极具视觉张力的中庭，它将天光带入到建筑的内部。原本封闭的建筑实体变得空灵而通透。环绕着中庭的走廊以木饰面、木格栅、玻璃隔断和金属扶手围和，它们在光影的作用下创作出时时变化的投影。格栅也起到了保护每层租户私密性的功能。中庭的空中桥梁强化了建筑的结构感，并为租户提供了新的视角和体验。

东艺大厦室内以"木"为主题继续着现代的设计语言。Kokaistudios 利用自然光线创造出放松而温馨的环境，回应着历史街巷的给人们带来的尺度和亲切感。我们使用单纯的色调和并不复杂的材料来强调建筑本身的质感。室内部分另一引人注目的特征为中庭南侧的电梯核体，被石材包裹的实体从底层

通达顶层把屋顶的天光导入中庭，衔接楼层间的延续性。

办公楼分为五层，第一、二层为大面积开放式办公空间；而第三层和第四层则容纳四间大小不一的办公单元。办公室拥有具有趣味性的大窗户。南侧的服务性核体，包括楼电梯间，卫生间等，达成各个楼层的公共服务区；建筑北侧的疏散楼梯和变配电间作为辅助的服务用房，这样的布局确保了各个办公楼层大空间的完整性，保证最大的利用效率。顶层则属于宝矿集团，拥有迷人的街区景观。

Kokaistudios 设计方案强调对原建筑的保留，通过保留其原始形态来保护现有的城市脉络和社会生活面貌。在上海有大量类似东艺大厦的中等体量的建筑，我们坚持的信念

之一就是通过对他们进行改造和功能优化来提升其价值。在快速发展的城市中，不应因为快速的开发节奏而抛弃价值不可估量的文化和遗产建筑。通过更新和改造，建筑物成为新与旧之间的介质，在保持城市完整性的同时提升社区质量。东艺大厦是高品质改造的一个实例，Kokaistudios 也将在日后呈现更多此类型的项目。ᴇɴᴅ

1　折角窗
2　模型
3　从东艺大厦向外看
4　入口
5　平面图

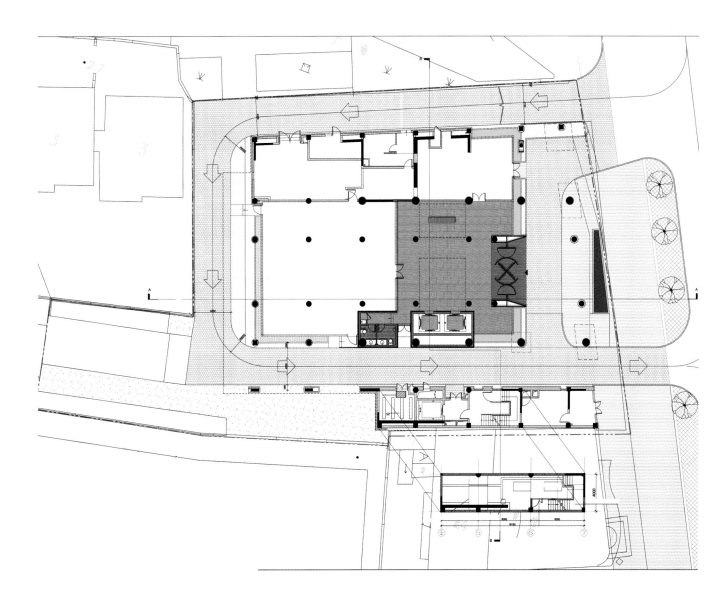

1-3　电梯间
4　走廊

艳遇伦敦泰晤士河畔 Citizen M
CITIZEN M ON THE RIVERSIDE OF RIVER THAMES

撰　文	徐白薇
摄　影	王黑龙
地　点	英国伦敦
设　计	荷兰Concrete Architectural Associates事务所
竣工时间	2012年

I 螺旋楼梯
2 公共休息区

　　说是场艳遇也一点不勉强，那是到伦敦的第三天，天气略为阴冷，伦敦的天色一旦阴沉，城市就沉郁了，刚好我们要从 Tom Dixon 的 MONDRIAN 搬到 Citizen M，甫入酒店就被惊艳了。

　　这是一间很难用关于奢华的日常经验去定义的酒店，因为它既没有该类型酒店常见的堂皇接待处和穿制服的门僮以及气派大堂；也没有独立的餐厅和扒房；高级酒店常见的华丽装潢和大理石就更加难觅踪影，就连客房也小如胶囊，仅能在房间的端头横陈一张类似中国北方炕的大床。但它确有独特的空间区划，不但吸引了旅游者还吸引了周边工作和生活的人群，通常的酒店标准发布的照片都没有人在其中的，而这间酒店如果没有市民在其中好像都不足以说明该酒店的美好。

　　Citizen M 通常被译作西铁城酒店，我认为还是意译为市民酒店更为贴切，因为这就是提供给来到这个城市的人们特别是城市中心区工作和生活结合在一起的人们的一间别样的酒店。

　　甫入红色门厅，在感应门悄无声息打开的那一刻起，我的脑海中就开始快速地搜索以往的经验，试图对眼前展开的场景——进行辨析：顶天立地的书架，几乎覆盖了所有墙面，或作为区域的间隔划定不同的区域，还有围着壁炉聚合的沙发组，散布多处的波普风格的艺术品，大幅的充满诱惑的摄影图像和安迪·沃霍尔头发耸然的红色肖像，似乎在暗示这是一处时尚达人的客厅。但呈十字形组合的沙发后，大厅的横向轴线上又设有陈列多种佳酿和奇特鸡尾酒的吧台，两个穿点缀着红饰边的黑色服装的"使者"在忙碌地调制饮料和咖啡，那莫非是酒吧？但在轴线的尽头却又见菜品丰盛的料理和布菲台，随时可以提供令人垂涎的精致简餐,这又有西餐厅的调性了。尚未缓过神，蓦然回首，工作台和台上电脑分明告诉你，这儿是工作室。这究竟是什么地方呢？这是我将要入住的酒店吗？当然这些走神恍惚均是闪念，在"使者"（该酒店对员工的称谓）的引导下，我在自助 Check-in 和 Check-out 系统前登记入住。注意，不是服务台，而是一组有着 6 台电脑的终端系统，旁边次第叠放着房卡，两种颜色的手带，介绍 Citizen M 及文化的小报等。办好的房卡，记录着你的个人资料和喜好、习惯，再次入住时会被自动激活。这种贴身管家式的智能入住系统，的确是便捷。由于重新定义了宾客入住酒店的方式，为宾客制造了更多惊喜和个性化的体验，已在一些高端的精品酒店被采用，无疑将在未来会有一个好的发展。

　　决定入住这间位于泰晤士河畔、泰特

现代艺术馆旁的酒店，是冲着 Citizen M 这个名字去的。这是一个荷兰的品牌，Citizen 是市民、公民的意思，其本意是欢迎来自世界各地的旅行者、梦想家、时尚背包客和消磨时间的人。这些被称为 21 世纪的新游牧人当然需要奢华的享受和精神的洗礼，但不会为之做超额的付出，所以这个酒店首先是高级的、有品质的，但必须是伊恩·施拉格（Ian Schrager）说的"安静的奢侈"，是不事张扬和明智的。而比较出乎意料的是附近的工作人群来得还挺多的，比较多一门心思埋首做事的，也有三个两个交流的。

界面模糊，功能复合的一层公共区域在白天主要是用于住客休憩，阅读。在这个核心区域周边上班或不上班的新游牧人也会来此社交、工作和餐饮；到了夜间，随着灯光模式的改变，这儿又变成了一个派对的酒吧，灯红酒绿的所在。

一个漂亮的螺旋楼梯，将我的脚步引向二楼，围绕着中庭花园，大小各异的会议室，除了常见的投影、电视机等设施，可擦写、激发头脑风暴的涂鸦墙，组合壁柜满是 1960 年代波普味道的古董和艺术品。这里可以举办多种小型论坛，也可以为新兴的企业组织研讨，路程遥远的在发表改造世界的灵感的前一天可以进入胶囊客房休息一下。

说是胶囊，实在是因为它的小，只有 2.6m 左右的净宽和不到 7m 的进深。但千万不要以为这是一个普通的胶囊旅店，小小的预制化的客房保不准能代表未来旅行者选择的新趋向呢。一张横陈的 2m×2.6m 的大床紧贴着房间端头的大窗，隔着中庭与对面的序列窗口相向对望。

从这里看过去有集装箱码头的味道，我忽然想起了蔡国强的行为艺术"一夜情"，50 对由世界各地征募而来不同种族年龄的情侣，在塞纳河畔的一艘观光船上临时搭建的 50 个帐篷内同时做爱的场景。这个想法可能有点荒唐，但如此密集的相互守望又只有一窗（帘）之隔，实在难免。当然这也是一个对话的场所，在房间的小小书桌上，放置着一个平板电脑，这就是久闻大名的"心情平板"，可以一键控制室内灯光与电子设备的"Mood Pad"，有趣又很实用，这种集成式的电子装备看来将主导今后酒店的使用和消费流程。

更像胶囊的预制式卫浴间由磨砂玻璃围合而成，坐便器、淋浴间被集成在不足 $3m^2$ 的空间内，紧凑而舒适，可随心情调色的发光顶棚将小小空间笼罩在迷人的光氛内。玻璃胶囊外的洗手台虽然超小，但令人惊奇地好用，还有微缩的冰箱。

酒店的 VI（形象识别系统）设计值得一提，从入住终端的房卡、品牌小报、客房门上的免打扰牌，到公共区域随处可见的诙谐文字、图形，给人以深刻的记忆，也只有这样才能让 21 世纪的新游牧人光临吧。■

1　入口
2　室内的波普艺术
3　休息区的阅读角
4　占主视觉的楼梯
5　中庭花园

来院工作室的 "光" 和 "空"
LIGHT & AIR OF LAI OFFICE

撰 文	八路
摄 影	金啸文
地 点	中国南京市老门东历史街区
设 计 师	潘冉
设计单位	南京名谷设计机构
主要材料	钢板、砖瓦石、外墙泥灰、木板
面 积	1 000m²
竣工时间	2015年8月

　　位于城南中营的朴素古宅，与热闹的名号迥异，其实性格内向。与古城墙为邻百年，默然驻立巷口，于风雨飘摇之际被列为保护建筑得以修缮。北侧加建两栋仿古建筑共组三进式院落，入口古朴，尺度窄小，通过时低头，抬头时开朗，院内树木建筑交织映衬，和谐优雅。随机缘为名谷设计机构进驻。客观来说，仿古建造的第二进"来院"建筑基底并非优越。工艺的精准度，材料的运用不及古人的手工制作，加之缺少时间的冲刷洗练，与真迹并肩多少夹杂一丝尴尬。即便如此，它仍反应了当下这个时间空间内人们对传统最质朴的追念与渴望。

　　来，由远到近，由过去到现在，由传统到当代，来院由此得名。我们希望在传统的庭院里表达当代……来院的构筑初衷是无

组织叠加，可以是一个冥想体验空间，亦或是一个书房，直到项目完成也没有植入任何功能，创作者每天伫立院内，给予原始空间多种状态的想象，一边感知，一边营造。此时的设计变身为一种商谈，一天天内心鏖战，为的是寻找最贴切的答案……

　　冥想空间半挑出旧屋基面与庭院交合，原始柱架交合透明围合介质构筑成外向型封闭空间漂浮于山水之上；内部架构以子母序列构成，颜色对应深浅二系；左右各一间窄室与居中者主次对比，凹凸相映。格局规正，妙趣横生。古与新，内与外，明与暗，传统与现代皆交汇于此，冲撞对比，和谐共生。创作者只表达光和空间，封闭原始建筑除东南方向以外的所有光源，让光线在朝夕之间的自然变化中，通过交叠屋面，序列构架等

1.3　体验空间

2　创作室交谈区

物理构筑物将虚体光线实体化，而光影随着时间的变化产生不同的角度，空间变得让人感动，由"光"将空间呈现，并埋伏"暗"增强空间厚度。仿佛孪生双子，"光"与"暗"彼此勉励、彼此爱慕，又彼此憎恶，彼此伤害。历经暗的挤压，光迸发出更强烈的力量引人深入。院内老井被设置成"地水"之源，通过圆形水器连接折线形水渠将另一端屋檐下收集而来的"天水"汇聚一处，活水流动的路线围合出一池静态山水，将挑出旧屋基面的冥想空间托举而上，院内交通也由此展开，山水纯白，犹如反光板把落入院内的光线温和的送入室内顶棚。创作者在方寸之地步步投射出其二元对立的哲学思考，并企图

透过这样的氛围来观察世界的真相。

设计一定是从功能开始的吗？在商业行为的催生下，越来越多的建筑被赋予功能标签，越来越多造型行为沦为一种对空间的单纯包装。胡适先生说过，"自"就是原来，"然"就是那样；"自然"其实就是客观世界。创作者固执地坚守着一方不存在商业行为的净地，从美学与环境本身开始建构，坚持院落本身的逻辑关系，不再对所谓瑕疵浓妆粉饰，功能一直处于一种不确定状态，不再追求均质照明，让光自主营造空间，交还空间表达主张的话语权。与商业决裂的瞬间无法言传处拨动心弦。不远城墙仿佛蒙着淡淡暗影，带着一丝难以察觉的微笑，气质悲怆仍有渴望。■

1　窗外风景

2　创作室一角

3　院子里的茶席局部

4　创作室

5　水云间・茶会所过道

水云间·茶会所
TEAHOUSE IN A FARAWAY FAIRYLAND

摄　　影	吴辉
资料提供	大木叙品设计

地　　点	新疆乌鲁木齐天津南路1号街
建筑面积	400m²
设计公司	大木叙品设计
设计监理	叙品设计监理
空间陈设	叙品陈设（晶三品陈设配套）
主宰设计	蒋国兴
主要材料	黑色花岗岩、火山岩、海藻泥、鹅卵石、米黄洞石、白色乳胶漆、水曲柳做旧木饰面、竹帘、实木复合地板等
竣工时间	2015年6月

一茶一世界，一味一人生。人生如茶，第一道茶苦若生命、第二道香似爱情、第三道茶淡如清风。在这个飞速发展、喧闹的城市中，寻求内心一份真实的平静，茶会所便是首先。本案用现代中式风格展示了一个素雅、别致的茶文化空间。在平面布置上分为2层，一楼规划了大厅、接待区、包间、景观区，二楼规划了4个小包间和1个大包间、厨房、卫生间、办公室、库房等。在色彩运用上，以黑色、白色、做旧木本色为主色调，灰色为辅色调。

进入前厅是水泥块整齐堆砌的背景墙，每一个洞口都摆满了蜡烛灯，散发出若隐若现的灯光。穿过铁锈板的移门，便是大厅。锈铁板雕刻的不规则字体"水云间"悬挂于火山岩墙面上。墙面的柜子被分成了大大小小的框架，每一个框架又被等分了许多小格子，很像古代药房的小柜子。内凹的小格子摆满了各种各样的小陶罐，在淡黄色的灯光下愈发显得精致。

前厅的后面是接待区，没有奢华的装饰，而是以一面残岩断壁土墙阻挡了与大厅间的交流。右边是景观区和包间。枯竹、石头、云灯装饰的景观，无论你置身在室外还是室内的入口处、接待区、大厅、还是包间，都能欣赏到，可谓点睛之笔。包间与大厅之间没有完全隔开，玻璃隔断很好地保留了与大厅间的视线交流。火山岩装饰的墙面挂着竹篱笆，木制花格装饰的柜门，黑白的挂画，无一不透露着中式情结。

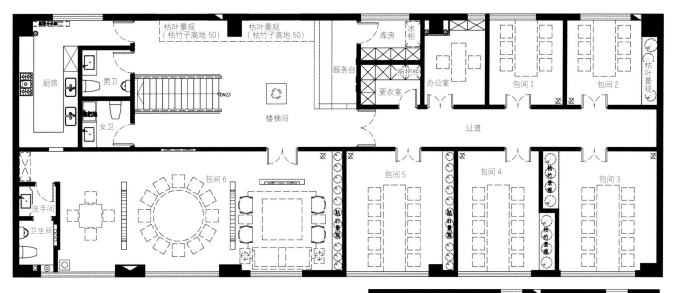

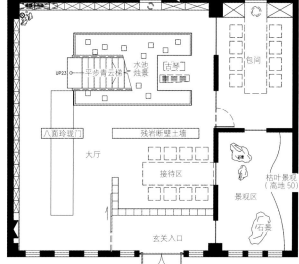

1　大厅视角
2　二层平面
3　一层平面
4　茶席雅桌

　　在通往楼梯的入口处，设计师运用中国古典元素，采用迂回渐进的设计手法，特意设计了一个八角隔断墙，意味着人生的八面玲珑。一条长长的桌子穿过八角立在那里，桌面的下方是一块不规则的锈铁板，背面写了几首诗词，通过黑色亮面的石材反射到地面上，给黑色的地面增加了一点点色彩。桌子的上方悬挂着一根竹竿装饰的吊灯，即特别又使用。绕过隔断墙，一个巨大的水池置于中央，一边是楼梯的入口，直直的通向二楼，顶面还飘来一个云朵，意味着生意上的平步青云。另一边是悬空于水池上方的古筝演奏区。水池中规划了很多蜡烛灯，好像许多蜡烛飘在水面上一样，柔弱的灯光散发在水面上，再配上古筝的演奏声，既和谐又美好。通往二楼的楼梯简洁实用，黑色的踏步，白色的栏杆，古铜色的扶手，暗藏的灯带，

顶面的云灯，墙面上是徐志摩的诗词："轻轻的我走了，正如我轻轻的来"。

　　二楼的左边是竹子装饰的景观，木拼条装饰着服务台及整个走道。走道没有多余的光源，三条回字形的灯片把过道分成一段一段的，在每个暗门的入口处都悬挂了一个锈铁板雕刻的门牌，一束束光源照射在每个门牌上，在走道的尽头，一朵云灯点缀了整个过道，墙面的镜子拉伸了空间感。

　　包间没有复杂的造型，以素色为主。米黄洞石、鹅卵石、灰色木拼条、灰色火山岩装饰的墙面，再搭配竹篱笆、黑白挂画、枯枝等装饰品。在每个包间都规划了一处竹子的景观，使空间更具有情调。

　　卫生间延续了走道的设计元素，木拼条装饰的墙面，黑色的地面使空间看起来更质朴。■END

木真香与永兴祥茶空间
MUZHENXIANG ＆YONGXINGXIANG TEA SPACE

撰　　文	张志娟　陈梅
摄　　影	阮祯鹏
资料提供	新加坡WHD酒店设计顾问有限公司

地　　点	山西太原
设计公司	新加坡WHD酒店设计顾问有限公司
建筑设计	张震斌
结构设计	郭靖
室内设计	张震斌
景观设计	季斌
业　　主	木真香普洱茶文化中心
面　　积	600㎡
设计时间	2019年3月
竣工时间	2019年5月

1　木真香禅堂

2　香接待室

3　茶台小品

木真香，简简单单三个字，由梦参老和尚写来，别有一番清新、雅致、刚劲的意味，仿佛向来客缓缓道来一个揽着茶香满是情意的故事。

而以木真香为名的普洱茶文化研究中心，自是凝结了两位投资人的心血。那一份对于茶的痴心与痴情，也恍若有了惊魂，静伏在这一片空间内，虽沉默不语，却也让人不禁感动！从接待空间、茶室、禅堂，到真·素斋馆，一路细观细品，忽而，言语也就失却了意义。回归沉静，一步一思，俗世、杂物，不过化作轻烟几缕，转瞬则散。那一刻，那一处，想做的能做的，也许只是审视自我，重拾初心。

或坐，或站；或思索，或放空。浅色的木家具就这么静默地立着，清晰的木纹诉说着生命的脉络，配合着灰色的布艺，朴素而雅致，给人以安心与宽慰。然而，一道道冷色的光却直直照下，将那融融的暖意撕开一个小口，教人保持清醒自持而不致过分沉溺。情深而不寿，惠极许自伤。禅是空，禅是万物，禅须得自己参。且加之白墙上悬着的万德师父的书画，"禅心"、"问禅"也正回应着茶文化研究中心独有的"禅"之一味。

于是，结缘于木真香，只想做一份素心斋，清新、自然、可以躺下、坐下、随性于茶桌前，慢慢品一杯茶，待时间流淌，给心一处净土得以皈依。END

"茶在心静"悬于永兴祥号普洱茶庄的壁上，古朴自然，映衬着永兴祥号茶庄的一派返璞归真之风。三张茶台、几把座椅，木制家具的线条尤是清晰明了，而其间蜿蜒的木纹却含蓄地表达着这简练之中别有的趣味与生机。此理亦适用于茶道，不过茶叶几片、清水一捧，若相逢合适的水温、恰到好处的氛围及三两志趣相投的良友，便可生出无穷的滋味。

茶台上各色茶具整齐排列，点出一个"静"字。然，这静绝不是死寂，茶台之上悬一原木，木下又悬着几许略显俏皮的灯饰，再配以边上展台所摆的清枝几条，更显静中的无限生机。

茶在意袅袅，心静人自在。其间妙处难言说，不若一探永兴祥。END

1　永兴祥号品鉴区

2　茶室

3　过厅

4　前厅

5　品鉴区

江滨茶会所
TEA HOUSE ON THE SHORE

撰　　文	张丽芳
摄　　影	吴永长
资料提供	林开新设计有限公司

地　　点	福建福州
面　　积	224m²
竣工时间	2015年1月
设计公司	林开新设计有限公司
主持设计师	林开新
参与设计师	陈晓丹
主要材料	桧木、障子纸、松木、贴木皮铝合金、灰姑娘石材

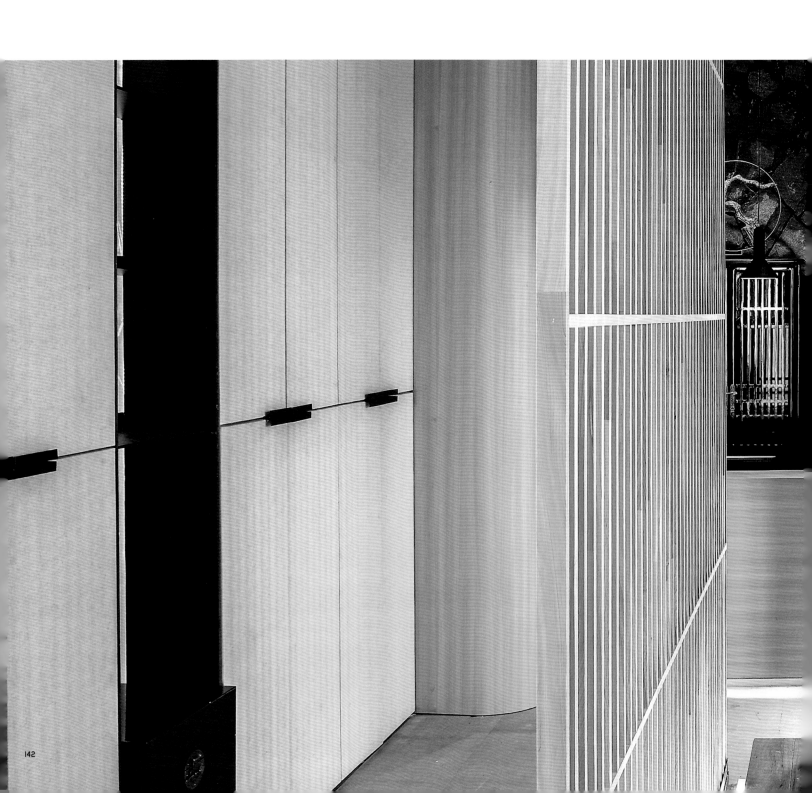

"大江东去，浪淘尽，千古风流人物。"浩浩荡荡的江水，如同一部鸿篇巨制的史书，裹挟着数不尽的风云往事和千古情愁。当听闻业主想要在闽江边上建立一所能与朋友畅叙幽情的会所时，设计师脑海中浮现的是江上鸣笛的诗意场景。"笛子是一个象征，它实际上是一种空间的节奏。我希望这个茶会所的格调像笛声般优雅婉转，又悠远绵长"。

整体的设计在追求达至东方文化的圆满中展开——将中庸之道中的对称格局与建筑灰空间的概念巧妙结合，完美呈现出一个自由开放、自然人文的精神空间。以一种柔软而细腻的轻声细语，与浩瀚的江水、优美的园林景观互诉衷肠，态度并非封闭孤立的沉默无声或张扬对抗的声嘶力竭。

茶舍临江而设，客人须沿着公园小径绕过建筑外围来到主入口。整体布局于对称中表达丰富内涵。入口一边为餐厅包厢和茶室，一边为相互独立的两个饮茶区域。为了保护各个区域的隐私性，增添空间的神秘氛围，设计师设置了一系列灰空间来完成场景的转换和过渡，令室内处处皆景。首先是饮茶区中间过道的场景：地面采用亮面瓷砖，经由阳光的折射，如同一泓池水，格栅和饰物的倒影若隐若现。窄窄的过道显得深邃幽长，衍生出一种宁静超然的意境。其次是餐厅包厢和茶室中间过道的场景：大石头装置立于碎石子铺就的地面之上，引发观者对自然生息、生命轮回问题的思考。在靠近公园走道的两个饮茶区，设计师分别设置了室外

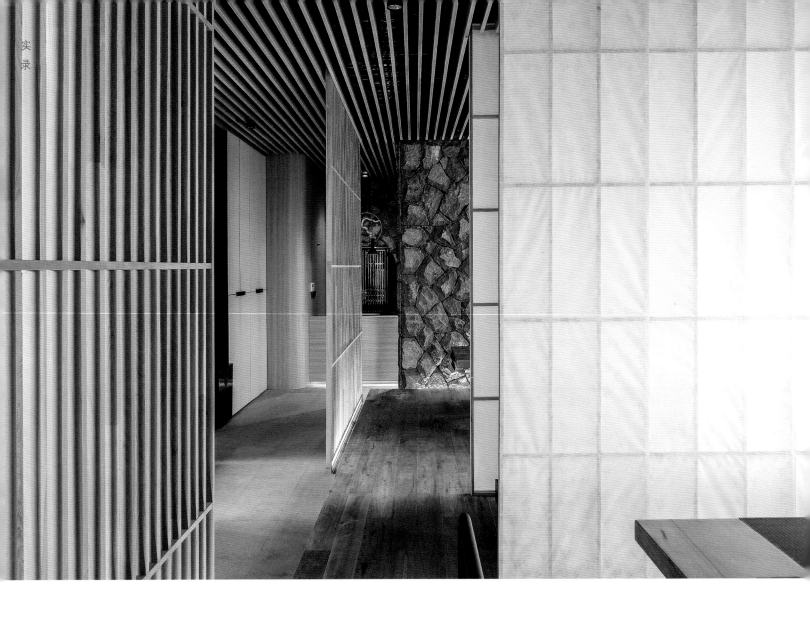

灰空间和室内灰空间：室外灰空间为一喝茶区域，除了遮阳避雨所需的屋檐之外，场所直接面向公园开放，在天气宜人、景色优美的四至十月，这里将是与大自然亲密接触的理想之地；在另一边饮茶区，设计师以退为进，采用留白的手法预留了一小部分空间，营造出界定室内外的小型景观。端景的设计不仅丰富了室内的景致，而且增添了空间的层次感和温润灵动的尺度感。

在设计语言的运用上，设计师延伸了建筑的格栅外观，运用细长的木格栅，而非实体的隔墙，界定出各个功能"盒子"。即便

在洗手间，观者依然可以透过格栅欣赏公园景观，时刻感受自然的气息。格栅或横或竖，或平或直，于似隔非隔间幻化无穷，扩大空间的张力。格栅之外，障子纸和石头亦是空间的亮点。在灯光的烘托下，白色障子纸的纹理图案婉约生动，别有一番自然雅致之美。石头墙的设计灵感来源于用石头垒砌而成的江边堤坝，看似大胆冒险却完美地平衡了空间的柔和气质，令空间更立体更具生命力。在这个模糊了自然和人文界限，回归本质需求的空间中，每一个人都可以在此放飞思绪尽情想象，也可以去除杂念凝思静想。■END

法派新概念服装店
ATELIER BY FAPAI

撰　文	尹祓痛
摄　影	Charlie Xia
资料提供	Cloud-9 design studio

地　点	中国温州市
设计团队	Cloud-9 design studio
项目面积	120m²
完成时间	2015年3月
事务所网址	www.lovecloud-9.com

Atelier 法派是一间开设在温州的男士时装概念店。

设计选择遵循的原则是即兴创作和手工质感的不完美特性。"我们希望这所时装店能够激起消费者与风格设计师、时装设计师之间的一种对话或交互反馈",Cloud-9 的创意总监 Karin An Rijlaarsdam 如此阐述他们的设计理念。

为了达到设计目的,设计在空间的中心放置了两张很大的服装工作台,它们同时也可以作为展示台之用。这种效果就像你置身于一间服装设计师的工作室,琳琅满目的织物、各式各样的材料和色彩一齐呈现在眼前。顾客们可以坐下来与设计师们谈谈,并和他们共同创造出独属自己的时尚风格。

这个设计的灵感来自于艺术家工作室,要有点粗糙、不尽完美,到处充满一些随性的搭建手法。为了重现这种工作室场景,设计上使用了金属梁架结构、砖墙和参差不齐像被破坏了的木质地板,以及金属吊顶检修口。设计师传授给施工方粉刷的秘诀:为了凸显手工质感的不完美效果,"筑坏"了部分的砖墙,并用涂刷"修复"了它们。混凝土地面则是一个多工序共同作用的实验成果,这种操作成功还原出一个看上去被磨得很旧的面层。

Atelier 法派位于一个商业中心之内,没有自然采光。为了解决这个问题,设计还特意创作了一个"工作室"式的日光窗,当然是通过在特意营造的高侧窗后进行人工照明完成的,玻璃嵌板不均匀的白漆手工涂刷更增加了场景的逼真感。镜面玻璃的高侧窗则是对工作室氛围进行重现的另一个小手段,材质的变化也丰富了空间体验。

在追求艺术家式的即兴感的同时,设计也处处流露出与中国场所文脉交互的意愿。

竹竿是一种中国市井生活中随处可见的晾晒工具,它们常被金属构件固定在建筑表面,衣物就悬挂其上晾晒。设计师遵循着这种"晾晒文化",设计出一个价格低廉又富于灵活性的服装展示系统,将竹竿架在金属支架上,不仅是服装的支撑,自身也作为一种展品而存在。

在考虑环保时,设计也还原给材料历史的尊重感。像地板、家具,设计中大量使用的木料都来自回收的老建筑的材料。木材在中国历史上是最主要的建材,也是家具和造船的主要材料,这种传统延续直至近代,新建建筑时旧建筑的木材会被重新利用。但今时今日,它们大都被速生材料替代,导致了大量的旧木无用堆积。然而用设计可以唤醒它们:时尚店中的橱柜和入口大门是用以前的船甲板和铁路枕木制成的;不规则的地板来源于那些已经被拆除的上海老屋的地板;构成工作台的木材,则可能是中原地区的旧大门或北方建筑的旧木梁。

这些曾经被现代化大潮冲散埋没的旧物,如今被设计的灵感重新托起。设计的精神与艺术家即兴的涂鸦,也许就是在这种对社会的反思中得到了协同与共鸣。**END**

1　"日光窗"下的旧木橱柜与展架

2　镜面高侧窗与钢架梁

3　手工制的柜子、涂刷墙面与灯光的配合

宾达咖啡青岛店
BEANBAR CAFE, QINGDAO

| 摄　影 | 于洪 |
| 资料提供 | LATITUDE 维度建筑 |

业　主	宾澳（北京）餐饮管理有限公司
面　积	200m²
首席建筑师	Manuel N. Zornoza
项目经理	Lihui Sim
设计团队	刘博 白杨
创作年份	2014年

1	3 4 5
2	6

1　夹层一观

2　店内一隅

3-5　通向夹层的碳钢楼梯

6　公共区大木桌

　　现在的咖啡厅、茶楼、干洗店、快餐厅等公共场所，承担着从前家庭里客厅、厨房、洗手间、储藏室等的作用。时至今日，咖啡店已经发展成为大中城市的一个社交场所，为人们的小聚提供一个消费之处。在这里，你可以在工作之余享受轻松一刻。从这一点来讲，咖啡店不失为城市空间的一部分，同时，它也正在承担某些更为亲密的体验，这让它们感觉上如同我们自己的家。

　　宾达咖啡店位于山东省青岛市海滨，面积200m²，目标消费人群同时涵盖了一日游观光客和青岛本地居民。店铺共分为两层。一楼为一个大大的公共区，向外延伸连接露台。公共区除服务区和收银台外，一张大木桌让通高的空间格外舒展。一楼的第二区处于夹层下面，摆放咖啡桌和咖啡椅，幽暗私密的空间可供情侣约会。夹层与地面采用碳钢楼梯连接，透过它向外望去，可以若隐若

现地看见楼下的街道和双层高的咖啡店入口。

　　设计理念主要是采用非常有限的材料，来完成这个多层次的空间。通往夹层的楼梯采用碳钢杆将踏步悬吊在夹层的支架上，这些杆件向上延伸顺势也成了夹层的栏杆扶手。它们还在收银台后方组成了一处搁架。一楼主要元素为混凝土质地的地面与墙壁，而夹层的木质地板的暖色与之形成了鲜明的对比，吸引着人们在其上逗留。以钢材和混凝土为主材的空间框架内，柔和的家具更显得亲切可人：温暖灯光烘托下舒适的布艺沙发与座椅，很难让人不对它们产生陷进去消磨时间的慵懒感觉。

　　相比规模单一的单人卡座，咖啡店的空间区划也更加灵活，设置餐桌的大小从独酌到八人共享，商务区和聚会区独立并存，呈现出或动感热闹或轻松惬意的氛围。END

北京中粮瑞府
THE GARDEN OF EDEN

资料提供	W.DESIGN香港无间设计

地　　点	北京
设　　计	W.DESIGN香港无间设计
面　　积	1 500m²
竣工时间	2015年6月

中粮瑞府项目被誉为"中国千百年来逐梦桃花源的一次成功尝试",并以此为理念一举摘得第52届金块奖(Gold Nugget Awards)的"国际最佳在建项目大奖",其中楼王500B的室内空间及软装陈设,由香港无间设计团队打造。

一直以来,鬼才服装设计师加利亚诺都是我们十分欣赏的人。当其他设计师以服装为谈资喋喋不休时,Courreges却在描述他如何用时装塑造出一个活力四射的女性形象,她们自己开车,有自己的事业,尽情奔跑,自由生活。在我看来,这才是设计应有的底蕴!

任何创作,光有人文情怀、唯美诗意并不足够,我们既要保持对于美学和情怀的热诚,也要避免因盲目追随而导致的适得其反,重要的不是"有所为",而是"有

所不为"——我们的设计从来不是一件情绪激烈的展览品,而是拥有持久感染力的艺术品。

起

缘起东方　重塑传统

我们一直在思考,在中粮瑞府,500B的受众是怎样一群人?他们应该是看过大千世界,又重新回归到东方审美上的精英;是具有人文情怀,需要在更大的空间里寻找民族归属感的绅士。

那么,500B应该又以怎样的姿态示人?全盘西化的时尚与前卫、宫殿剧院般的奢华绚丽,显然都不是我们想要的答案。

我们眼里的500B应具备一种传承的姿态,以悠久的东方文化为基底,进行有意识的发扬和重塑,令其具有一种京城大宅的气

```
 1   2
         3
```

1　楼梯底部的圆形水面
2　客房
3　跃层空间

质，巧妙隐于这城市肌理之中。不突兀亦不迎合，并充分展现出来自东方的自信。

基于此，我们将中国古典的园林引入空间，以错落叠进艺术化的方式来建立空间秩序，并用极致的对称来营造稳定庄重的空间感，使其不仅有着北方宅第的宏大气势，亦具有江南园林的典雅之美。

承
东方情韵　四维表达

将东方哲学与艺术融入设计之中，尝试着找到能与当下中国精英对话的空间语境。这种诗意般的动线规划，不仅令空间架构充满端庄的仪式感，亦形成人、自然、建筑空间三者合和的价值观。

内院以传统的合院三进式层递关系为设计理念，让小品式玄关、挑空采光天井以及拥有无敌露台的客房各得其所，共同营造了三室合和之态。

而穿插于空间之中的山石流水，亦是将东方哲学艺术融入当代设计的典范。以水为引导划分空间，不仅带动了居室的节奏感，也传达出特有的生活智慧。

作为空间中轴线上的端景餐厅背景墙，

我们以 12 片艺术屏风加以诠释，这是一款用 3D 打印而成的巨型屏风，在传统太湖石的图形中提取元素，并将其抽象，变成数字化的感觉，跃然于屏风之上，以彰显中西合璧之寓意。

转
打破程式　动静两相宜

设计不仅要在情理之中，还要出其不意，从无到有当然是创造，但将已知的东西陌生化更是一种创造。

旋梯以圆形呈现连接整个楼层，不仅完成了其行走功能，也成就了空间的各种可能。旋梯上行至二层，是主人房和双子房的相对私密空间，中呈圆形挑空，呼应楼梯和庭院的概念，强化其对称性，亦满足景深、过渡以及采光的需求。

在宅子最中间的地段，原本是采光最弱的地方，我们将原本不在此处的楼梯，改到了这里（从地下一层到二层的区域），将这个"弱光"区变成了交通动线。

除了交通动线的改变，这样一个城市大宅，还需要一个精神的堡垒，以契合空间的气度。为此我们创造了"垂直图书馆"，

旋梯贯穿地下一层和二层，周围是环绕的藏书，这整个空间的文脉所在，也是家族的脉络所在。

不仅如此，我们还在楼梯底部设计一个圆形的水面，宛若将室外景观索引进室内般，自然流畅，而此时的楼梯俨然一尊雕塑，它们互相作用成了此空间内最精彩的一笔。

即所谓智者乐水，仁者乐山；智者动，仁者静，其动静之间的平衡，便见于一代代人的传承之中。

合
复兴之旅　融景于情

让我们活在这个时代，但不要成为时代的造物。这一次"复兴"之旅，让我们重历了一次东方文化的完整洗礼，希望我们倾力打造的这个空间，能让居住者感受到其中流淌着的精神状态和追求。

建筑体这种人造物象，是物质能量的富集，并承载众多人文背景、生活、文化、艺术元素。它们总是客观地、呈生命地在那里生成，记载和传达着过去、现在、未来。而"无间"设计的存在，是为了赋予这些建筑体更多被认可被喜爱被传颂的理由。**END**

雅昌书墙
ARTRON WALL

资料提供	雅昌艺术中心&台湾行人文化实验室

地 点	深圳
建筑设计	都市实践建筑事务所
书墙、图书馆设计	研也设计（宋契德、邱智勇）
多功能厅设计	林青蓉
音响设计	朱毅
书墙灯光设计	黄暖晰
VI视觉系统	荷兰平面设计师Michel de Boer
书墙橱窗设计	广州王序设计有限公司
总建筑面积	42 000m²
艺术书墙	30m×50m

雅昌（深圳）艺术中心包括一座30m×50m的艺术书墙、3900m² 全球首创的博物馆式艺术书店，七个展场画廊，以及搜罗全球最美的珍稀艺术图书近5万种12万册。在这座承载艺术理想的建筑中，空间美学的想象被发挥到极致。优秀的设计师如同诗人般浪漫，又如同科学家般严谨。他们各自怀着迷人的美学理想，汇聚在雅昌艺术中心，使之成为空间美学的全新范本。

在都市实践设计之初，深圳雅昌艺术中心周边的建设环境依然处于规划过程当中，具有相当的不确定性。为了不被嘈杂喧嚣的城市环境淹没，建筑注定需要成为定义这个区域的一处标志物，也成为与城市对话共生、但又独立于都市之外的世外桃源。在都市实践的设计理想中，来自于毗邻三座高速公路上的"高速阅读"，决定了艺术中心的建筑形体以一种完整和连续的姿态与大尺度的城市基础设施之间形成对话。

将建筑体量做整体考虑的同时，建筑师也在考虑如何消化巨大的体量。一方面，在保证完整和连续表面的前提下，裂解出实体面之间精致的开阖关系，为地面行人创造近人尺度的视觉感受；另一方面，在基地一端退让出一块三角形区域，作为对城市公共环境的改善，从这里观察，建筑在每个侧面的表情各不相同。在建筑体量内部，盘旋环绕的建筑形体围合出一个美术馆、办公空间、底层公共空间多个部门共享的空中花园，作为独立于外部城市的美学综合体，也成就了建筑师城市乌托邦式的美学理想。

而在内部的空间组织方面，建筑师将美术馆从公共属性的功能部分分离，与企业总部并列，独立地悬浮在景观资源最好的顶部，形成独特空间效果的独立艺术空间。这样一个动作与流线的安排紧密相关，最终形成了组织不同人群、不同参观方式的具有多选择可能的内部丰富流线。

雅昌艺术中心的书墙另一大亮点即是收集博物馆和画廊等专业机构的出版精品，使得书墙藏书具有很强的学术性和专业性。三楼博物馆区共收集全球超过100家博物馆、大学出版社、艺术中心、画廊、基金会的书籍逾4000册。以书墙中心对称线分左右两区；左区为东方博物馆；右区为西方博物馆，收集英联邦、欧美最具代表性的博物馆、画廊等机构的出版品。除机构众多外，语种丰富也是该书区的亮点之一，共收集中、日、英、法、俄、意、德、西等十种语言的图书，呈现书墙的国际视野。⬛END

张雷：解构，而后凝聚

撰　文　　谢弘
图片提供　　品物流形

FROM YUHANG RONG DESIGN LIBRARY

　　让传统手工艺回到当代人的生活中，这是张雷在启动他第一个为人熟知的设计项目"From 余杭"时的初衷。手工艺是一座宝库，但它绝不是简单地被拿来即可。作为当代设计师，张雷对待手工艺更像是在庖丁解牛，在解构的基础上以当代人的目光重新建立事物的逻辑。

　　张雷本科毕业于浙江大学工业设计系，在上海短暂工作后回到杭州郊区余杭建立了自己的设计公司品物流形。"云行雨施，品物流形"，《易经》里的这句话说的是自然繁育万物，赋予形体。取这四个字为工作室命名，是因为张雷希望自己的设计能够如自然造物一般巧妙、优美。在工作室开始的 5 年时间里，就像所有初创的设计公司一样，品物流形吃尽苦头，"我们常常是被客户拿刀逼着，去山寨各种已有的东西。即使我们的

设计非常好，客户也要等到大品牌出了类似的东西以后才愿意让产品上市。"

　　当所有的纠结、抗争与绝望几乎到了临界点时，2009 年，29 岁的张雷拿到了意大利米兰 Domus 设计学院的奖学金，从余杭飞到了米兰。环境的切换让他遇到的第一个问题是关于身份的。"Where are you from?"这是他最常遇到的提问，"当被问得多了，我开始思考，我的设计是从哪儿来的。"

　　仅仅说从中国来，甚至说从杭州来都是不够的。"From 余杭"设计项目，正是张雷回答这个问题的开始。

　　2010 年，张雷带着两位在米兰遇见的伙伴 Christophe 和 Jovana 回到余杭，对本地的传统手工艺进行深度调研。他们将油纸伞的制作过程中的上百道工序——解剖，试图找到新的切入点做出当代设计。三个月的

时间，他们开发了五六把新的纸伞，可惜并没有顺利地进入市场。但由此催生的另一件设计，"飘 PIAO 宣纸椅"却给他们带来了巨大的成功。层层叠叠的泾县宣纸，在设计师和余杭糊伞师傅的手中，变得既温暖又坚固。"当我带着这把椅子回到上学时天天经过的米兰大教堂时，我感觉到它应该是对 Where are you from（你从哪里来）的回答。"

1	3	4
2	5	

```
  2
1   5
  3
4
```

1　From 余杭系列宣纸制椅

2　会议室

3　设计店代理的耳语工作室作品

4.5　店内细节

除了设计师，张雷的另一个身份是策展人。2013 年，在杭州市政府的资助下，品物流形开启了一个五年的展览计划，取名为"融"。每一年，以一个中国传统材料为主题，邀请多位当代设计师设计作品，并在米兰设计周、卢浮宫等国际性平台展示。到今年为止，已经展出过以竹、丝与土为主题的三届，接下来还将推出铜和纸的主题。"融"系列展览无疑推动了设计师对传统材料与手工艺的研究，同时也孕育出了众多的设计佳作。但展览过后，所有的研究与创作会走向哪里，五年之后，是否还将继续，这些也是众多业内人士所关心的。

今年六月，坐落在杭州余杭的五常大道上的"From 余杭融设计图书馆"向公众开放。这是成立 11 年之久的品物流形团队筹建的一座集图书馆、手工艺材料库、设计概念店

与设计师驻留工作室的综合体。它的核心是中国传统手工艺材料库，在这里，不仅能直接看到品物流形多年来对各种传统工艺和材料的梳理与解析，而且能够找到实际有效的设计资源，比如那些散落在全国各地的、极难寻找的老师傅、老铺子。设计概念店中，已经看到从"融"系列展览中诞生的产品，之后也将展示和出售更多和余杭本土相关的设计。结合设计师驻留计划，这座设计图书馆几乎是一个完整的设计孵化器，为一件作品设计过程中的资料搜集、技术支持、展览展示和最终的市场化都提供了可能。这样的场所，11 年前的张雷不曾设想，也无法被规划出来，"它就是'From 余杭'的那颗种子自然生长的结果。"以传统手工艺为原点做设计时，张雷总是推崇先解构，再梳理，后凝聚的方式，如今在更大的层面上，依然如此。 END

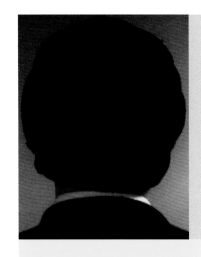

闵向

建筑师，建筑评论者。

没有成见的 Let's talk
一次复杂系统思想范式的实践

撰　文　｜　闵向

　　我决定在我和其他老师创办的上海甶冗酒吧二楼举行关于设计实践和思考的演讲系列活动时，并没有明确的目标。不过有一点当时是明确的，作为一个行业里有名的毒舌，必须放下自己的成见。我发现国内的演讲论坛，无论是建筑学还是之外，无论是长期还是临时的，都会变成一种物以类聚的圈层集合，长期发展都陷于圈层的局限而乏力，归根结底都是个简单系统而已。我希望我的演讲系列是开放的，包容的，没有成见，听见不同的声音，看到不同的现象，没有预设，不限制听众，让他们各取所需。我希望我的演讲系列是一个复杂系统。

　　我是从 2013 年开始反思我的实践和理论的范式，逐渐建立起一种基于复杂系统的思考范式，由此，我倾向于在任何实践，活动以及观察去建立一个具有多样性和自组织原则的复杂系统。这个复杂系统的边界也许具有明确的外观，但事实是不稳定的，可以改变的。而内部则需要有互相作用推动淘汰竞争的子系统。但这些系统不是预设的，我只要设定最基本容易操作的原则，让系统内部的要素比如人，功能按此自组织发展即可。我或许可以构建这个系统某个特定时期的外观比如立面，但不保证它的未来，因为它的兴衰不在我的手上。而在这个过程中，最大的挑战在于如何克服自己的成见和虚荣。

　　复杂系统告诉我，那个丰富复杂的世界是从最简单的脱氧核糖核酸发展起来的。我也羡慕其他演讲组织者能够动用资源请到大师、明星和行业大佬，但我们的起步没有预算，没有影响力。我决定去找这些资源之外原本被忽视的资源，去发动他们加入我一起来。我希望把独立的哪怕不成熟的观点和实践以集合的方式呈现出来，或许我内心的成见是觉得建筑学表现得太单一了。我要打破圈层的壁垒形成交流并贡献多样性。于是我就这么做了。召集年轻建筑师，邀请职业建筑师来到甶冗抒发己见。我不限定他们演讲的内容，只是鼓励他们不要流于常规的项目介绍，更多地发掘自己平时的真实所想，或许是这种没有命题的真实所想才能引起听众的共鸣。我通过开始几期的演讲，发掘可以组织下一场演讲的人才，在不触及政策红线的基础上放手鼓励他们发掘有趣的论题和更多的演讲人，鼓励他们自己出海报，let's talk 鼓励一种自主性，演讲人不是被动邀请，而是基于互相认可的互动参与，let's talk 的第一步是大家一起来，而不是我请大家来。我所希望的多样性就是建立在这个自组织的基础上的。这样，let's talk 就起步了，吸引了越来越多的演讲人和听众，任何听众都可以是潜在的未来演讲的组织者和演讲人和赞助人。后来知名的建筑师也加入了，我希望他们不是着力介绍自己的作品而是自己的研究思考和感悟点滴，作为一个人的存在，这样演讲激发了更多人的热情，最后连室内设计师、景观设计师和工业设计师都进入我们的 let's talk。如果你每期都在现场，你会感慨，这个世界是那么饱满充沛。

let's talk 就是一个复杂系统了，开始膨胀，这种膨胀已经不需要我特别来推动，每个加入的嘉宾、演讲人和听众都会去推动。它内部的论题丰富多彩，不一而足，我所希望呈现建筑学的多样性出现了，这种大家一起来推动的演讲也帮助我发现了许多闪光的思想。我们的建筑学其实是个颇为壮阔的大海，但教育和媒体让我们只看到这个大海上几座孤岛，我们甚至一度以为这些孤岛就是建筑学的全部，但事实是，大海上闪耀着许多灵光，let's talk 不自觉地将这些灵光集合起来变成光芒，它越来越亮，至于未来如何，其实不重要。因为一个复杂系统的诞生往往是偶然的，比如某个下午我看着空荡荡的昏昡二楼，突然涌进脑海的主意。也没有什么宏伟目标的，比如我不会去把 let's talk 一上来就设定成什么高峰思想论坛那样。

没有成见，或者说把成见放在后面，这其实也是对自己的训练，乐见多样性的发展，就要克服炫耀自己成见的虚荣，因为自己的成见不过是多样性之一，可能因为其他多样性的观照而不值一提。乐见自组织的发展，就要克服自己掌控的权利欲，因为一旦处处有自己，最终伤害了自组织也伤害了多样性。

Let's talk 要走得更长，只有作为复杂系统的存在才可能，我们所见的那些圈层式样的活动和论坛，不是组织者没有理想或者不努力，是因为最后变成一个简单系统，一个简单系统最后的周期总是很短的。作为复杂系统的 Let's talk，发展得更久，终究不需要我这个所谓的个人印记的。

许多朋友问我不断举行 let's talk 的终极企图是什么，建议我将 let's talk 商业化，他们认为毕竟不带来所谓的经济收益的活动是毫无意义的。我认真倾听了他们的意见，并制定了不同版本的发展计划，但最后自己都否决了，大约在心底觉得这些计划并不是自己真正所想要做的。当 ID 编辑来信要我谈谈我们在昏昡的活动意义，敏于笔头的我却一直写不出来，直到在教师节的早上看到萨尔曼可汗的美国小伙子的报道，他拒绝了 10 亿美金的商业化计划，因为他认为他现在的生活方式比他能想象的其他方式都有意义。我们大陆生于 1970 年代早期的孩子，尤其是所谓的好学生，一生都在追求所谓的人生成功的目标，依赖他人的赞扬存在，但几乎没有想过这些所谓的人生成功的目标大多是别人定义的，其中没有自己。萨尔曼可汗的拒绝震撼了我。

所以，去他的商业计划吧。让更多人的人进入 let's talk，让更多的人展现他们的专业观点和独立实践，让更多的人听见，这就够了。

陈卫新

设计师，诗人。现居南京。地域文化关注者。长期从事历史建筑的修缮与设计，主张以低成本的自然更新方式活化城市历史街区。

住
——酒阑琴罢漫思家

撰　文 | 陈卫新
摄　影 | 老散

"酒阑琴罢漫思家，小坐蒲团听落花。一曲潇湘云水过，见龙新水宝红茶。"这是被推为"民国最后一位才女"张充和的诗。有幸，2012年8月上海辞书出版社初版《张充和手钞昆曲谱》，我得到的是有张充和签名和钤章的"珍藏本"。册页装，一函十册，十分精美。书中有大事记，提及她曾于1936年在南京《中央日报》副刊任编辑，对于南京，她还是有些记忆的。这位合肥张家小姐一不留神成了民国女性最后的代表。张充和是淮军大将、晚清重臣张树声的后人。而在南京还生活过淮军的创建者李鸿章的后人。李鸿章的女儿嫁在南京，女儿有个孙女便是另一位民国女性代表张爱玲。

张爱玲对其住过白下路的"大屋"印象深刻。晚年的作品《对照记》，有较多描绘，也有许多的照片。但那些照片之中，我们没有见到第一任丈夫胡兰成，也没有见到她的美国先生赖雅。记得胡兰成对于中国建筑是有偏爱的。他在《山河岁月》中写过，西洋建筑受杠杆力学的限制，所以强调柱的作用，"中国房子则是高级数学的，支点遍在……""中国人则有飞檐，便怎样的大建筑亦有飞翔之势，不觉其重。"从建筑角度来说，也许不无道理。但这仅仅是在讲建筑，而住宅建筑更多是与"人"联系在一起的，这种联系的呈现叫做"家"。

那么，家是什么呢？无论是住在白下路的"大屋"，还是与胡兰成生活过的石婆婆巷的房子，这些建筑都因为张爱玲的离去，而褪去了"家"的意义。

下午，在办公室看一辑1948年的老照片，又听了一会儿老唱片。常常奇怪，为什么固执地保持着对于民国音像的热情，因为陌生吗，还是陌生中的那种似曾相识。这样似曾相识的巧遇相逢，如同陷入在街巷里朴实的民国建筑，不经意间被抬头看到，可能会有心中一激。时光总是这样，比我们想象的快，被忽视的平常美好，大多如此。

不知怎么，就想起了赛楼。赛楼是南京的另一位作家赛珍珠的故居，在南大老校区里，我喜欢称它"赛楼"，这样可以去掉些珍珠的光芒，显得质朴。第一次去赛楼，是夏季，是个下雨的天，也才知道南大的校园是适合散步的。小楼是赛珍珠和卜凯在南京的家，可以说赛珍珠的写作生涯也是从这里开始的。在这个家里写出的《大地》，后来获得了诺贝尔文学奖。房子的客厅、餐厅，窗户都有木制的长窗，加装有外百叶窗的那种，雨水把窗的下半部打湿了，看上去木色深于上部，砖砌窗台浸了水，也多了些沉着贵丽。厨房入口在餐厅的一角，大挑台是个天然的"冰箱"，植物从侧墙探枝过来，新绿滴翠，恍若隔世。门厅的墙上有木制的摆台，悬空安装在斑驳的墙壁上，像一段遗忘的痕迹。我把手扶在那段温润的木板上，表

赛珍珠纪念馆内景

面潮湿的空气一下子收缩了起来。我似乎感应到木纹在白色油漆后面的躁动，扭曲再回复，又缓慢地拉长。我觉得一个健硕丰满的美国女人，在这样一个隐晦的曲折的空间里，无论是坐在高窗下的躺椅上，或是倚在阳台边聊天，那种性格中的直白坦然都会给周围以巨大的压力。赛楼充满了这种气息。墙壁的拐角，因为修缮之前的清理，露出了一个十几厘米大小的猫洞，似乎随时要钻出一只猫来。修缮总有特别的发现，在后来清理的过程中，还在阁楼的角落里，发现了一个巨大的电热水器，很完整，浮尘一去，金属质感又汹涌而至了。也许是因为有木板封闭着才得以保存到现在，那真是个奇迹。

看一张照片，听一段音乐，都一样，总会让时间有停顿之感，甚至倒流一下。回看手中的照片，全都是1948年元宵节的，那时，美国的"对华援助"已经开始，城南拥挤的街心时常会有突然而至的轿车，挤在人群之中，进退两难，显得那么突兀，在夫子庙花灯世界里，外国人的目光里充满了新奇与疑惑。这是一个充满苦难的国家吗？中国人在苦难中的隐忍与活力，美国人赛珍珠是懂的。那年赛珍珠出版了长篇小说《牡丹》和一本儿童读物，但是那一年她并没有能回到南京。此前，美国联邦调查局为她设立过300多页的档案，甚至怀疑她是共产党。有意思的是中美建交后，晚年的她打算访华时，但又未

能成行。命运与她开了一个玩笑。应该说赛珍珠在文学上是幸运的，1936年她在46岁的时候，便获得了诺贝尔文学奖。当然，在此前两年，她与卜凯离异，并从南京回美国定居了。那个她喜欢的绿荫如盖的、坐西朝东的"家"，也因为人的离异而瓦解了。这个一直把籍贯填写为中国的美国女子，把前半生交给了中国，把后半生交给了中国回忆。

赛楼是安静的，来访者不多，与南京许许多多的名人故居一样。看她的自传，如同平常讲话，"紫金山山巅陡峭险峻，记得七月的一天，我独自爬上峰顶，举目眺望，惊奇不已，山北侧，遍地盛开着野栀子花，蓝中透红，光彩夺目。"在南京赛楼的阁楼上，赛珍珠曾在此写作，喝茶，忘眠，一抬头，就能看到她喜欢的紫金山。

现在，那个窗口依旧，但再也看不远，没有野的栀子花了，高楼隔离了那些真实的山水，我们只能靠想象力获取那种亲近自然的美好。这种不能远见，如同一个时代的短视。

南京城中曾经的风华女子，实在很多。丁玲、苏青、蒋碧微、方令孺等等，在南京都曾留下过他们的住所与文字。文字是虚幻的，又是真实的，如同张充和所讲的"酒阑琴罢漫思家"。对于一个人来说，家永远是有象征意义的，而这种象征意义中的现实是人与人之间的爱，父母之爱，夫妇之爱，子女之爱。 **END**

由巴瓦看建筑学的生活实践

撰文、摄影 | 琚宾

1	2
	3
	4

1-4 巴瓦庄园

每一张由圆珠笔绘制的不甚完全的图纸、某道映着阳光的水池，或是某处猫头鹰样式的雕塑、一整个庭院，都只是一种表述、一种视觉样式。它们在不同的程度上记录下巴瓦想表达的生活方式与存在的本质。建筑设计的形式同时也是一种使用方式，是一种具有丰富含义的表述，是一种生活方式的倡导。

有着丰富意义的作品本身是有性格的，能让身在其中的人感受到其意境。巴瓦的建筑意境不仅仅局限于建筑所处的"域"本身，更在于整个生活世界的详实描绘中——劳斯莱斯老汽车及各式地毯、摆件，日月星辰图案的玻璃门及门外半圆地铺，还有湖边的水泥美洲豹雕塑及其所包含的想象里。

"人之所以为人，在东方被强调的，与其说是有内在的时间与否及时间与永恒的关系如何的问题，不如说是能在什么场所发挥什么功能的空间与功能的关系。"这是《东西方哲学美学比较》里的原话，指出东方美学偏向于从人与空间的关系，而非人与时间的关系角度来思考。由"居住"到"诗意地居住"再上升到与环境相契、人天合一般的居住，这是更高层次上的精神享受。

外界环境一直热着。在斯里兰卡的这些天，Y的衬衣永远黏在背上，好像从未见其干爽，大约我的也同样。温度从来都参与影响历史的进程，从习俗到意识觉醒都与之有关，催化着事物孵化与发展。技术、经济、社会、信仰、观念、或是表述，不断地在与整个外界的自然环境与文化背景相互影响。青苔易长，花落又开。路人正在采摘树上的椰青，刚开盖便已闻到了周围几似腐败的味道。年轻姑娘鲜灵不了几年就迅速融入大众，辨不出年龄。万物变化是常态，生命尚且如此，建筑更不必说。修剪枝桠和拆盖建筑本

是同理，于是便无须在意，甚至连记录也无须。于是巴瓦可以在 40 年中不断改随心盖，任它水自流花自开，把整个卢努甘卡变成关于空间、环境与理念交融、变形、突破的建筑试验场。

在巴瓦看来，建筑学是开启某种生活实践的路径，抒发自己艺术品位与对生活的喜爱之情的手段。为什么一定要解释自己的建筑？为什么一定要有自己的标签？每个人的感受都是个人知识体系的返照，是情感及生活经验的呼应。好的设计所提供的情感模式并不固定，而能让不同个人在同一个体验场所中得到不同程度但相同方向的愉悦及趣味感，这才是好的设计应该做的。场所的感知本身即具有多种的理解，由时间、地域文化性等等因素所影响。再因着外部环境的不同，感受更是千变万化。

有老树错节，于是光影斑驳，与旧墙互为背景相融相幻。其下青苔长于石阴，墙边杂草簇簇，不识其名，四时一色。厅有内院，奉石为上，环水以为池，可观色可听雨，点点声漏以动映其静……房间和花园陈列组合再套叠的手法，打破着各种结界，即使是墙面本身也有机地展示着自己，不再宣告着限制。旷野、山谷之宅，因其与周围自然地理环境关系密切，多注重以形法；而类似这位于巴卡特勒路支巷里面井邑之宅，则因其外部环境的限制，通常以形法、理法并举——中国对好风水的定义和手法当然也尽可以套用在巴瓦建筑的解释上。我在卢努甘卡里找到了苏州园林的影子，然而又并不近似。在这个由单色构成的作品里，光影变换，景色无机有序，偌为壮观的素馨树的枝桠间断了臂的少年神情不可

辨。也许巴瓦从来都是实用主义，哪些外来、哪些原生，根本无需深究。随宜合用，得景随形。

巴瓦庄园的魅力在我看来更在于其在阐发一种人与境的共处艺术——可居可赏可游。万物群生，连属其乡，东西相融，草木遂长。这是一种对理想栖存之境的探寻方式，向外则建构着一种室内与室外、传统与当代、有序和无序间的自然、动态的和谐，向内联系着心境、处境之间平衡后的审美。

场所可以成为物与物的最佳背景或是特定用途的环境，其可以具有支配力，使事物及人物融入其空间特性中去，也可以为事物所主宰，由物体释放其自身的特质。"设计最大的目的是让人感受到愉悦和趣味"，不谈什么理论和原则，巴瓦就是做到了，不是么？ END

1-4 巴瓦庄园

I-5 巴瓦自宅

```
  ┌ 2 3
1 │
  └ 4 5 6
```

1-6 巴瓦自宅

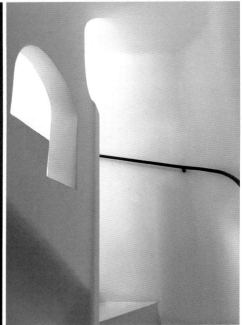

碰触梦想——上海家纺展"梦想8x8 Intertextile"概念展区导览

撰文、资料提供　于颖
摄　影　潘杰

　　为期三天的中国国际家用纺织品及辅料（秋冬）博览会（简称上海家纺展）于2015年8月28日在中国国家会展中心（上海虹桥）完美落幕。如往届一样，该次展览会仍致力于打造整体家居概念，同时为了满足中国消费者与日俱增的对于设计及潮流的兴趣与需求，在展期间不少业内顶尖品牌亦纷纷亮相。

　　尤值得一提的是，本次展览会中的特别活动——InterDesign设计汇，共包含三个主题区域：流行趋势区、概念展示区和论坛活动区，而其中最为抢眼的当属"梦想8x8 InterDesign"概念展。在这一展区内展示了多名中国知名设计师与业内顶尖品牌合作的产品，共同阐释2016年家居流行趋势的关键词——梦想。

　　作为"梦想8x8 Intertextile"的策展人，

杭州内建筑设计事务所合伙人沈雷先生如是说："与志同道合的者一起工作是天下幸福的事。Intertextile概念展如同少年时的'跳房子'的游戏，策展者在主办方平坦的场地上画上线格，请来8位编程者、8位支持者，及无数的体验者，一起欢聚。2016国际时尚家居流行趋势关键词为'梦想！'，期待观众带着敏锐的心灵，去邂逅一场充满超现实主义图像并令人惊奇的实验性戏剧。身体跳跃且保持平衡，陀螺仍在转动着，进入梦境。"

　　而这八组合作搭档分别为：

　　朱柏仰与LaCanTouch长堤设计（法国），设计主题为邂逅。而对于邂逅，朱柏仰是这么看的，"邂逅本是在俯仰之间一瞬间的动作、一瞬间的念头——

　　交会来神——是诗意、是情调、柔软下

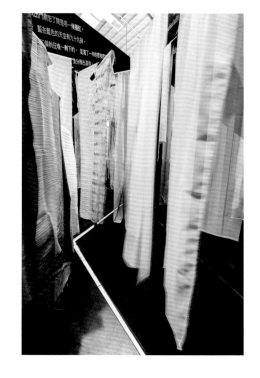

1	3	4
2	5	

1 "梦想 8×8ntertextile" 概念展区

2 作品主题：敏锐（设计师：任萃）

3 作品主题：超现实（设计师：戴昆）

4 作品主题：图像（设计师：吴滨）

5 作品主题：实验（设计师：陆洪伟）

来了——

是意会、是察觉、理智下来了——

是时间、也是空间、如梦境之间——

关于邂逅的隐喻——水平线上欢乐事件的动态交会

——关于"灵感"汇集之触动。"

吴滨与 Best Home 贝芮国际整体布艺家居（中国），设计主题为图像。图像，似是一个简单的词。吴滨却这般说到："以道生一，一生二，二生三，三生万物的概念，做抽象的水墨来表达图像，以东方的虚无、似是而非的混沌表达图像和如入梦境的幻觉呼应梦想主题。"

孟也与 Designers Guild（英国），设计主题为惊奇。什么是惊奇？孟也这样解释道："美好与罪恶，皆因内心的成熟改变

潘多拉的礼盒藏着无度欲望的罪恶

不要把童年的纯真随着成长

变为无度的索取

当把拥有变为理所应当时

那份纯真的惊奇感再也不见了……"

戴昆和 Uniwal 欣旺壁纸（中国），设计主题为超现实。在戴昆眼中，超现实是"一种矛盾的表达。恰巧在我的下一季产品灵感中，有着现代和传统这一对激烈的矛盾。我们用对下一季的色彩、图案流行的判断，同"超现实"主题结合在一起表达。"

陆洪伟与 Jean Paul Gaultier（法国），设计主题为实验。生活中充满着实验，而陆洪伟对实验有这样的解读："实验"所产生的结果有太多的不确定性，尝试是一个不断叠加的动作，试验经过实验产生了经验。概念就是个实验室，意识在大脑中与思想产生了化合，随之而来的是各种可能性。"

仲松与 Prestigious Textiles（英国），设计主题为心灵。谈及心灵，仲松似有很是玄妙的见解："心即万物，万物即心，心之显现为万物，心之本性是为空。"

孙云与 Dedar（意大利），设计主题为戏剧。一个最"戏剧"的词，孙云却抱着冷静与自持说道："戏剧：生活的场景以低像素的态度不停重复着……"

任萃与 JAB 雅帛安纤（德国），设计主题为敏锐。选一个独特的视角，"敏锐"亦充满着诗意与深情。任萃用诗一般的语言如是诠释着她所捕捉到的敏锐："寂静的瞬间，在深邃幽暗中目光如炬，追逐逃避若即若离的摇摆，轻拂的风鼓躁着芒发的诱惑，却维系着彼此如昔的风华。"

或瑰丽或素洁，或活泼或静美。在这片织物的世界里，伸手而碰触到的，都是曾以为不可及的，梦想…… **END**

伊利亚和艾米莉亚·卡巴科夫：理想之城

资料提供 | PSA

"伊利亚和艾米莉亚·卡巴科夫：理想之城"是原俄籍艺术家卡巴科夫夫妇迄今为止最大的装置艺术展，也是他们的长期艺术项目，更是对其一生艺术理念的总结。作为观念艺术家，他们的作品将日常生活与观念元素结合，创造出奇特的情境。

上海当代艺术博物馆向大家呈现"玛纳斯"、"坠落天使"、"暗教堂"、"门"、"如何一边聆听莫扎特音乐一边设法拿到苹果的20种方式"、"空美术馆"。艺术家将结合建筑、灯光、声音、绘画、城市规划等多种表现形式，邀请观众进入一个迷宫般的想象世界，感受艺术的力量。

艾米莉亚·卡巴科夫说道："多年之前，曾有人问我们艺术是否可以影响政治。我们回答是否定的，那时我们不认为艺术有这样的能力。我们现在的看法并没有改变，不过这些年来我们一直借助一些想象和乌托邦的构思来进行创作。我们相信艺术在文化中占据重要地位，可以影响思维方法、造就梦想、改变行为并引人反思。如今，我们透过电视、摄影机看世界，通过电脑和彼此沟通。我们看到的世界，是经过电视和电脑屏幕断章取义的世界。我们正是希望通过本次展览，唤起观众们对于古老的中国传统的记忆，那就是：思考、沟通，通过自己的心、眼、力去看、去思考、去做梦，感知这个世界真正的美。"

卡巴科夫夫妇向我们展示了他们理想中的宏大愿景。多年来，他们通过幽默且富有诗意的壮观艺术装置表现了人们的各种理想。在这些作品中，我们可以看到具备卓越技巧的人类是如何坚韧不拔地持续前进的，就算常常劳而无功也绝不放弃理想。■

"没有设计师的设计"
余平摄影展上海举行

展览时间　2015年9月7日17:30-20:30
展览地点　上海市新天地马当路119号202单元

著名建筑师本杰明·伍德 (Benjamin Wood) 因担任上海新天地的总建筑师而被国人所知。他这次首次担任策展人，推出"Design without Designers"暨"没有设计师的设计"摄影与装置展，24幅摄影作品均由知名室内设计师余平拍摄，装置部分由本杰明·伍德亲自设计完成。这次展览的内核无疑又贯穿着秉承一定价值观的设计师式的炙热的情感、责任与无奈。现场没有按照常规把摄影作品贴挂在白墙上，"这些作品于我就像是一件件'站'着的建造作品，他们'只做为自己'而存在，且毫无例外全部是'没有设计师的设计'"，策展人本杰明介绍说，"与照片同时展出的还有建筑师钟爱的材料装置，有的是生产前的原料，有些是加工后的

余料。所有这些物件都是最最原始的，没有所谓的血统，更没有品牌。"

1990年代末，余平开始持续不断地拍古镇专题，这一时期正是全国大规模拆毁原生古村、古镇的疯狂期，许多老房子转眼被水泥和瓷片一类新建材所取代。他以一名古民居记录者的身份拍了大量照片。"拍摄的过程让我意识到，古民居的形态和自然环境密切相关，气候条件、地貌、地表资源等决定着古民居的用材及建造方式。由土、木、砖、瓦、石构筑的古民居是人类的精神家园，是建筑文化的源头。"

在今秋各种高大上的艺术设计展览准备紧锣密鼓迎接的上海，这次展览无疑是一片可供呼吸新鲜空气的"野地"。END

1		4 5
2		6 7 8
3		

1-3.6 摄影展现场

4-5 2010 年摄于贵州本寨

7-8 2010 年摄于重庆宁厂

始于创意，归于生活——记2015上海时尚家居展"建筑之外"特展

撰文　小树梨
资料提供　法兰克福展览（上海）有限公司

9月17日，2015上海时尚家具展于新国际博览中心顺利开幕。作为国内唯一定位中高档家居市场的专业展会，本次展会共有14个国家和地区的378家商家参展，较去年增长了六成。展会的关键词为"回归"，具体来说即是对于"温暖触感"、"情感体验"与"日常细节"的回归。故而在这一主题下，所谓的设计不再那么"高高在上"，而设计师们也将着眼点重新放回"生活"这一命题，聆听并关怀消费者的内心，以满足其真正需求。

本次家居的一大亮点当属由上海设计之都促进中心及法兰克福展览（上海）有限公司主办的"ON DESIGN shanghai – Interior Lifestyle China 建筑之外特展"，并有逾50位从事跨界设计的原创设计师、艺术家及建筑师参展。"建筑之外"，从字面来看，可以解读为建筑师活跃于建筑设计之外的别他领域；而从更深层次来看，这一跳脱于自身专业之外的活动，本身就是一种对于"界限"的反思及批判，同时也是向公众表达了建筑师在当今分工细碎化的大环境下对社会资源整合及日常生活改善所作出的努力，且展现了原创设计不容小觑的可能性与包容性。

"建筑之外"特展的主题——"回归生活本源"亦鲜明地回应了本届家展的关键词"回归"。在特展活动区，映入眼帘的是层层落落的由硬卡纸搭起的通道、隔断与展台。使用可循环材料布展，这不仅是一份增强环保意识的呼吁、一种对于资源浪费的反

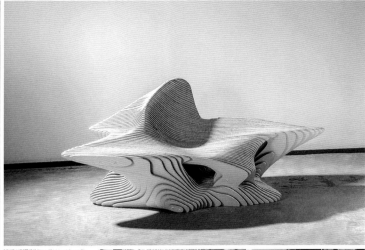

1		4	5	7
	2		6	
	3		8	

1　"建筑之外"特展活动现场

2　猫桌（设计师：阮昊）

3　小蛮腰衣架（设计师：赵雷）

4　竹＋自行车（设计师：薛中）

5　龟椅（设计师：林琮然）

6　羊角木马（设计师：薛莹、谭凌云）

7　书座组合（设计师：章明）

8　小蛮腰衣架（设计师：赵雷）

对；巧妙且灵活的卡纸组合，亦生动体现了简单与质朴之间所蕴含的丰饶，一番关乎于生活本源的丰饶。当然，同样丰富多变的还有展品的种类，从家具、陶瓷、饰品到服饰、影像，真真教人应接不暇。

　　除主版块——"设计聚场·生活就是跨界"之外，特展还设有三个别具匠心的副板块，分别为"明日之星·为儿童设计"、"我行我速·让出行更精彩"及"木作现场·向手工艺致敬"，而这三个板块亦紧扣"回归"及"生活"两个关键词。譬如专为儿童设计的"羊角木马"、"铁皮玩具"唤醒了早已习惯喧嚣与浮华的"大人"们的童趣记忆，于是倍感疲惫的心回归到了天真；亦如以"单

车"为主打的"慢出行"模式的推广，正是一种对于简单生活的回归，一人一单车，穿过大街小巷，享受迎面拂来的风与更真实的市井气息；而"木作"与"手工艺"更是对自然的回归，木材特有的纹理与温暖的质感，经由设计师们的巧手妙心，静默且热切地表达了那一份对于美与生活的诚挚衷情。

　　正像策展人陈展辉、何根祥所描述的，"建筑之外"就是"一场回归本源从生活出发的运动"，它向人们展示了"不同的展览空间、不同的策展思路、不同的参展人和作品，目的只有一个，就是始于创意，终于生活。"END

```
 I
2 3 4
```

1   FOX椅（设计师：任鸿飞）

2   泥长凳（设计师：颜呈勋）

3   立方器（设计师：丁伟）

4   荷塘月色（设计师：王小慧）

LEZA 乐在空间完美体现

在 2015 年上海家纺展上，深圳乐在东方文化有限公司（LEZA）的展位别具一格、引人注目。用自然之材，以传统手工艺的方式，加以现代美学设计呈现。每一件用心之作，都被赋予它形简而意丰的神态，传递着一种随性洒脱的东方写意之情。他们将家具、灯具、壁布、窗帘及饰品有机结合，在统一的东方简约设计风格下，呈现淡雅的自然之美。

TURRI 推出新品

来自意大利的奢华品牌 Turri 今年推出了三个卓越的家居系列：Vogue、Prestige 和 Diamond 系列。据了解，Turri 参与了今年的米兰国际家具展，在展会期间，该品牌宣布其意大利的首间旗舰店开幕，旗舰店位于米兰著名的 4 条名店街内的鲍格斯皮索大街 11 号，可望成为国际客户在米兰选购豪华家具的一个独有地标。

Arda 步入烤箱"大"时代

始终致力于提供最出色整体厨房解决方案的 Arda 安德厨电于近日演绎了超大容量烤箱如何精心塑造现代家庭的全新生活方式："烤"究设计，大有可为。Arda 安德超大容量烤箱，既能够智能实现双温设置，打造超乎寻常的 18 种烹饪模式；又能够保证烘焙过程中的受热均匀，带来完美味觉体验，为厨房生活提供更多的想象空间。

"原研哉：'设计：为了爱犬'"上海开幕

由日本平面设计大师原研哉于 2011 年发起策划，邀请包括伊东丰雄、MVRDV、马岩松、隈研吾、妹岛和世、坂茂／藤本壮介等在内共 14 组国际明星建筑师、产品设计师、交互设计师，根据不同品种的狗狗为其设计居所的项目"设计：为了爱犬"展（Architecture for Dogs）在上海喜玛拉雅美术馆展出。本次在上海喜玛拉雅美术馆的展览除增加马岩松的作品之外，还放大设计了原研哉本人设计的作品 D-Tunnel，观众可以进入该空间，借由狗的视角重新观察、审视世界；以及专设的宠物乐园。

DELTA 德雅 Kami 系列

Kami 系列是由来自上海、香港、圣保罗、吉隆坡和孟买的设计师共同打造的卫浴产品系列，从国际化的视角，为消费者提供了现代、简约风格设计的新选择。Kami 系列线条流畅而优美，采用镀铬表面处理，完整配备了从淋浴龙头、浴缸龙头、面盆龙头到毛巾架等配件的全套产品，可实现完全的客制化。Kami 系列的淋浴系统配置了其独家研发的 H2Okinetic 水动力技术，将流体学的科学理念应用于花洒中，通过独特的内置结构，精准地控制波浪形水流中每一滴水的速度、大小及动力方向。

2015 深港城市\建筑双城双年展（深圳）开启国内推广会

2015 年 7 月 31 日，2015 深港城市\建筑双城双年展国内推广会首站——上海站新闻发布会在上海民生现代美术馆影像厅举行。本届深双策展团队，艾伦·贝斯奇、胡博特·克伦普纳及刘珩阐述了本届展览主题"城市原点"（Re-Living The City），并介绍了展览精彩亮点。同时，上届深双策展人、创意总监奥雷·伯曼，学术总监李翔宁也应邀出席活动，与今届策展人一同探讨深双对城市老区的激活效果。2015 深双计划将于 12 月 4 日在深圳蛇口开幕，以"城市原点"为主题，分为包括"3D 拼贴城市"、"创客展会"、"珠江三角洲 2.0：平衡即是多"、"社交城市"、"激进城市化"在内的五个部分。

智慧照明，灯峰造极

作为最先将目光投向人体工学的制造商之一，Humanscale 先后共推出过 4 款台灯，不断刷新人们对于"人性化"产品的认知。Humanscale 从 Element Disc 开始采用薄膜 LED 技术，拥有高达 3000K 的出众照度和理想的细长型灯光分布，显色指数高达 80。因为采用了圆形、多个芯片的 LED，它能产生宽阔、连续的暖光源，3000K 的照明只在工作台面上投射出一个阴影，解决了现在市场上销售的 LED 工作灯有可能会带来一系列的分散的阴影问题。其彩色再现指数为 85，能提供高质量的照明输出和真彩色，远远区别于传统 LED 照明系统所产生的淡蓝色光源。

尖叫有 (: 意思 :)！ WOW! EAST! 打造国内首个设计线上展

2015 年 9 月 8 日至 12 日，(: 意思 :) 设计沙龙作为第 36 届中国（上海）国际家具博览会的一部分在上海虹桥国家会展中心如期举办。展览规模宏大，汇集了 20 个亚洲一线品牌、30 名联合策展人、200 余位知名设计师、300 余件作品。整个展览围绕"有意思"的设计而展开。尖叫设计网通过网站电商平台设立线上展览和销售专区，联合主办方打造出国内第一个重量级设计线上展。同时，尖叫设计还承办了本次沙龙核心论坛——"好设计就是好生意"，以及沙龙开幕神秘派对——"尖叫有 (: 意思 :)"。

Sealy 丝涟床垫全球旗舰店盛大开业

2015 年 9 月 10 日 Sealy 丝涟全球旗舰店盛大开业。该店坐落于上海的青浦吉盛伟邦国际家具村 A8 独立馆，占地面积 680m²，是美国丝涟迄今为止在全球开设的规模大的旗舰店之一。Sealy 丝涟全球旗舰店完美融合了丝涟精品馆及 1/3 生活馆的产品系列。双层的店铺设计将丝涟的至臻床垫和尊贵氛围体现的淋漓尽致。一层精品馆为高端全进口系列，简约又不失精致的形象彰显尊贵大气，陈列的床垫由软至硬符合不同人群的需要，是众多成功人士的心水之选。二层生活馆为中端国产系列，高品质配以中端的价位收到了众多新婚及白领人士的亲睐。

《回放——皮埃尔·于贝尔电影与录像收藏展》在沪开幕

2015 年 9 月 5 日，《回放——皮埃尔·于贝尔电影与录像收藏展》于 OCAT 上海馆启幕。作为本次展览的合作伙伴，索尼与收藏家、策展人、艺术家们一起，利用激光投影技术为观众开启了一扇眺望影像艺术的窗口。展览由瑞士策展人圭多·斯泰格担当策划，回顾瑞士收藏家皮埃尔·于贝尔先生过去四十年间在影像艺术领域的收藏经历和成果。在几十年的艺术生涯中，于贝尔先生在世界范围内赢得了极高的声誉，曾获得法国文化艺术骑士勋章。对于本次展览，策展人斯泰格先生希望在呈现作品的同时，使观众体会到收藏行为的内在精神。

場·外·遇
Crossing
Boundaries

CIID 2015 场外展
OPEN SHOW

October 17-20, 2015
International Conference Center, Gansu

Crossing
Boundaries

場·外·遇 CIID 2015
OPEN SHOW 场外展

总策展人 – 林学明 Chief Curator – Sherman Lin

"外·遇" 策展人 – 林学明

Crossing Boundaries Curator – Sherman Lin

"驿·构" 策展人 – 孙建华

YI GOU Curator – Sun Jianhua

"坐·计划" 策展人 – 徐岩

The Chair Project Curator – Xu Yan

"大学生原创设计开放周 – 青春汇" 策展人 – 范庆华

Student Design Open Week Curator – Fan Qinghua

发起人 / 孙建华
召集人 / 叶红
总策展人 / 林学明
学术支持 / 中央美术学院城市设计学院 国家画院公共艺术研究院
主办方 / 中国建筑学会室内设计分会
承办方 / 中国建筑学会室内设计分会第二十四（甘肃）专业委员会
展览时间 / 二零一五年10月17日至10月20日
展览地点 / 甘肃国际会展中心（甘肃省兰州市城关区北滨河东路69号）

Initiator / Sun Jianhua

Convener / Ye Hong

Chief Curator / Sherman Lin

Academic support / The Academy of Arts and Design, Tsinghua University; School of City Planning, The Central Academy of Fine Arts

Organizer / Architecture Society of China, Interior Design Branch

Host / Architecture Society of China, Interior Design Branch, #24 Professional Committee (Gansu Province)

Exhibition date / October 17-20, 2015

Location / International Conference Center, Gansu. (69 Beibinghe East, Chengguan District, Lanzhou, Gansu)

协办单位 Sponsors

弧光照明 ARCLIGHT   东立矿业 DONG LI MINING   NOVOFIBRE 诺菲博尔